流域精准治污
决策技术体系及应用研究

刘　永　邹　锐　马文静　　著
胡梦辰　马振华　刘旦宇

中国环境出版集团·北京

图书在版编目（CIP）数据

流域精准治污决策技术体系及应用研究/刘永等著.
—北京：中国环境出版集团，2022.2
ISBN 978-7-5111-5053-0

Ⅰ.①流… Ⅱ.①刘… Ⅲ.①水污染防治—研究 Ⅳ.①X52

中国版本图书馆 CIP 数据核字（2022）第 028084 号

出 版 人	武德凯
责任编辑	韩　睿
责任校对	任　丽
封面设计	光大印艺

出版发行	中国环境出版集团 （100062　北京市东城区广渠门内大街 16 号） 网　　址：http://www.cesp.com.cn 电子邮箱：bjgl@cesp.com.cn 联系电话：010-67112765（编辑管理部） 发行热线：010-67125803，010-67113405（传真）
印　　刷	北京中科印刷有限公司
经　　销	各地新华书店
版　　次	2022 年 2 月第 1 版
印　　次	2022 年 2 月第 1 次印刷
开　　本	787×960　1/16
印　　张	15.5
字　　数	260 千字
定　　价	82.00 元

【版权所有。未经许可，请勿翻印、转载，违者必究。】
如有缺页、破损、倒装等印装质量问题，请寄回本集团更换

中国环境出版集团郑重承诺：
中国环境出版集团合作的印刷单位、材料单位均具有中国环境标志产品认证；
中国环境出版集团所有图书"禁塑"。

前　言

经过 30 余年的持续治理，我国的河湖水质明显改善，但成效并不稳定，进一步的治理将更为艰巨。以我国重点治理的"三湖"之一的滇池为例，自"九五"以来，经过 4 个五年规划的实施，滇池保护治理取得了显著成效，流域水环境、水生态和水资源状况明显改善，水质企稳向好，2018—2020 年全湖年均值达到Ⅳ类。但滇池治理的形势依然严峻，外海蓝藻水华周年性暴发和北部湖区局部聚集的风险依然存在，城市污水溢流及面源贡献凸显，已建工程运行效能尚待提升，滇池流域的水质改善与生态恢复任重道远。和滇池一样，全国其他重点流域治理普遍面临两个新的挑战：一是《水污染防治行动计划》（以下简称"水十条"）等对水质目标的要求进一步提高，国家上位政策对水污染控制发生了由"量"到"质"的根本性改变；二是现有治理工程体系初步建成，但其能效尚未得到有效发挥，对水质改善的效果不够显著。而在"十四五"期间，规模化的城市污水治理工程规模比前三个五年规划会明显减小。河湖水质目标如何达到？流域治理路径何在？

在这种情况下，我国的水环境治理思路必须要发生三个转变：从过去的"重工程建设"向"工程提升增效"转变；从过去的"对工程的总量减排绩效评估"向工程的"水质改善绩效评估"转变；从"粗放治理"向"精准治污"转变。其中，流域精准治污是以水质响应为核心的工程评估与治理体系的构建，其目标是水质、重点是工程、核心是评估、手段是模型、产出是效果。2019年12月召开的中央经济工作会议提出了"突出精准治污、科学治污、依法治污,推动生态环境质量持续好转"的总体要求;在2021年3月通过的《中华人民共和国国民经济和社会发展第十四个五年规划和2035年远景目标纲要》中,更进一步提出"推进精准、科学、依法、系统治污"。因此,构建流域精准治理调控的技术体系,成为当前和未来水环境治理决策的重中之重。

自"十二五"末开始,本研究团队一直在关注和思考以水质目标管理为前提的中国流域治理的决策新模式,并在相关技术上做了充足的研发和准备。2016年10月,刘永研究员和邹锐博士在《中国环境报》发表了题为《重点流域需通过精准治污改善流域水质》的政策建议,提出流域精准治污的前提是建立从工程、子流域(子片区)、排口到河湖的水质响应关系。精准治污的"精"体现的是治污的"精细化",是在系统调查基础上的精确识别,其前提是建立多尺度的水质响应关系;精准治污的"准"体现的是治污的"准确化",是水质改善的准确度。其中,"精细化"体现的是治理的科学化思路,是基础;"准确化"体现的是治理的效率和成效,是目的。唯有二者相互配合,方可实现以河湖水质目标为约束的流域治理的"精准化"。

为进一步推动在中国实施流域精准治污决策研究与应用,2017—2021年,本研究团队以"三湖"治理难点的滇池(外海)为研究对象,在昆明滇池投资有限责任公司的支持下,启动了滇池流域水环境保护治理"十三五"规划项目"滇池流域水污染控制工程评估及精准治污决策系统研究"。经过4年多的努力,研究团队以"工程—片区—排口—河道—湖体"水质响应关系定量表征为基础,系统评估了流域重点治理工程的环境效益及其对入湖河流和河湖水质的综合影响,实现了"已有工程增效、水质目标可期、未来优化布局"的流域精准治污决策,推动滇池流域水污染控制决策走向科学化和智能化。同时,该研究具有五个显著的特点：宏观与微观的融合、空间分异与时间动态的统一、"厂网河湖"一体化、系统的工程水质响应评估、以模型驱动机理的解释。

为系统展示，本书对上述研究成果进行了总结。在第1章对国内外研究进展及研究技术路线阐述的基础上，分四个部分逐步展开。

（1）流域精准治污决策技术体系构建，主要包括总体技术框架、陆域水文与污染物迁移模拟、湖泊三维水动力-水质-藻类模拟、陆域-水域响应关系模型及研究对象概述等。

（2）滇池流域污染源解析，主要包括入湖口及对应子流域范围确定、流域源时空解析等。

（3）滇池流域重点治理工程的水质影响评估，主要包括重点工程污染负荷削减量核算、子流域污染负荷削减量核算、重点工程对滇池外海水质改善的综合评估、运行工况与情景模拟评估等。

（4）滇池水质稳定达标与精准控制要求，主要包括滇池外海优先达标断面及主要影响子流域分析、主要入湖河流的污染负荷控制目标确定、重点治理项目布局与评估、滇池水质持续提升的长效建议等。

尽管精准治污不是一个全新的概念，但其内涵和应用却需要进一步明晰，近期的相关研究也逐渐发现了其重要的价值。构建流域精准治污决策技术体系总会存在不足，希望本书的出版能够推动在流域管理和决策领域的深入讨论与思考，并促进更多相关问题的提出、发掘、探讨与解决，从而更好地为中国的河湖水质目标管理与治理决策提供坚实的支撑。流域精准治污决策的技术体系较为复杂，本书主要展示了在流域系统宏观尺度的研究结果，流域中更为微观、细致和复杂的城市河流片区尺度研究方法与结果，将在《城市河流片区精准治污决策研究》一书中呈现。

本书是团队集体智慧的结晶。全书由刘永、邹锐总体设计并主笔，参与本书各章节编写的还有来自北京大学、北京英特利为环境科技有限公司、昆明市生态环境科学研究院、广州市市政工程设计研究总院有限公司、云南省生态环境科学研究院、昆明滇池投资有限责任公司的同事：蒋青松、王海玲、周鸿斌、陈星、郑杰元、季宁宁、黎晓路、李金城、何佳、钱秋培、吴雪、张道义、赵晶、张正雪。在团队的共同努力下，几经修改并由刘永、胡梦辰、蒋青松、孙延鑫最终定稿。

本书的研究与出版得到了国家自然科学基金（51721006、51779002）、"滇池流域水环境保护治理'十三五'规划"项目、云南省高原湖泊流域污染过程与管理重点实验室开放基金、云南省专家工作站等的资助。在本研究的设计与开展过程中，昆明滇池投资有限责任公司给予了全方位的支持。北京大学郭怀成教授、清华大学胡洪营教授、中国市政工程华北设计研究总院郑兴灿总工、昆明市滇池高原湖泊研究院杜劲松院长、中国环境科学研究院蒋进元研究员、云南省生态环境科学研究院陈异晖院长、云南省生态环境信息中心朱翔主任及多位国内外专家给予了帮助与指导，在此一并表示感谢！

本书是北京大学环境科学与工程学院国家环境保护河流全物质通量重点实验室流域科学研究组（Peking University Watershed Science Lab）的成果之一，敬请访问我们的主页 http://www.pkuwsl.org/，以了解更多的内容、本书补充材料及最新研究进展。本书的结论与建议仅反映作者团队基于当前研究的发现，不代表任何官方的观点。由于作者的知识和经验有限，加之相关研究尚处于起步阶段，书中难免出现疏漏，殷切希望各位同行能不吝指正。

作　者
2021 年 8 月于燕园

目 录

第1章 绪 论 / 1
1.1 研究背景与目的 / 1
1.2 国内外研究进展 / 6
1.3 研究对象与总体思路 / 19
1.4 技术路线 / 25
1.5 主要研究内容 / 25

第2章 流域精准治污决策技术体系构建 / 30
2.1 技术体系总体框架 / 30
2.2 陆域水文与污染物迁移模拟 / 31
2.3 湖泊三维水动力-水质-藻类模拟 / 36
2.4 陆域-水域响应关系识别 / 48
2.5 研究对象：滇池外海流域 / 56
2.6 滇池流域精准治污决策模型构建与校验 / 66
2.7 小结 / 83

第3章 滇池流域污染源构成与水质变化的驱动机制解析 / 85
3.1 外海入湖口及对应子流域范围确定 / 85
3.2 流域污染源时空解析 / 98
3.3 滇池水质变化的内外部驱动机制分析 / 105
3.4 小结 / 117

第 4 章　流域重点治理工程的滇池水质影响评估 / 118

4.1　重点工程污染负荷削减量核算 / 118

4.2　重点工程对滇池外海水质改善的综合评估 / 133

4.3　数据库及展示平台设计 / 169

4.4　小结 / 178

第 5 章　滇池外海水质稳定达标与控制要求 / 179

5.1　外海优先达标断面及主要影响子流域识别 / 179

5.2　外海Ⅳ类稳定达标时的入湖河流控制目标与精准控制对策 / 186

5.3　各入湖河流拟建重点工程类型与控制目标要求 / 193

5.4　小结 / 202

第 6 章　结论与建议 / 203

6.1　滇池治理的成效 / 203

6.2　滇池治理的挑战 / 206

6.3　滇池治理的建议 / 209

参考文献 / 219

附　表 / 234

第 1 章　绪　论

1.1　研究背景与目的

1.1.1　研究背景

河流水质退化与湖泊富营养化是当前我国水环境领域面临的突出挑战，也是"十四五"及未来国家水环境战略要解决的核心问题。在地表水系统中，与河流相比，湖泊的水动力、水质和水生态在受到流域干扰下的响应关系更为复杂，因此本研究以湖泊为主要对象展开。在过量的氮（N）、磷（P）输入影响下，湖泊富营养化已成为全球长期面临的环境问题，治理成本高且历时长。目前，全球范围内仍有超过 60%的湖泊属于富营养化，广泛分布在各个大洲（Wang et al., 2018），而贫营养的湖泊仅集中在中国青藏高原、南美洲南部高原等高海拔或高纬度地区。富营养化湖泊受到日益强烈的人为活动直接和间接影响（Sinha et al., 2017；Ho et al., 2019），一方面，人为活动排放过多的污染物直接或间接地进入湖泊，促进藻类大量繁殖；另一方面，人为采取积极措施进行防治或预防湖泊水质的恶化。在上述两种正负干扰的共同作用下，湖泊状态变得更加不稳定，蓝藻暴发的时空异质性增大（Stevens, 2019）。例如，一些湖泊的富营养化得到有效控制，但是在局部时间（如降雨和温暖天气下）流域非点源污染依然会导致蓝藻暴发事件（Michalak et al., 2013）。又如，以自然循环为主的湖泊流域系统也受到控源、截污、生态补水、内源清除和湿地修复等不同治理措施的共同作用（Chen et al., 2002），同时在气候变化下受区域性降雨增加、气温上升或极端气象事件的叠加影响，不同区域与不同地区的湖泊暴发藻华的频率也在发生改变（Carvalho et al.,

2013）。因此，未来湖泊富营养化、藻类暴发及污染负荷的控制与治理将会面临更大挑战。

我国湖泊众多，依据中华人民共和国水利部发布的《湖泊代码》（SL 261—2017），我国大陆地区水面面积超过 1 km^2 的湖泊共有 2 867 个。我国早在 20 世纪 80 年代就开始重视湖泊富营养化的调查研究，在修复湖泊生态系统和削减流域污染物输入等方面投入了大量人力和物力。结合国际湖泊治理经验与当地湖泊具体情况，国务院与各级政府制定了"一湖一策"实施方案，重点围绕城镇工业和生活点源以及湖泊内源污染控制等开展治理工作，再逐步发展到生态修复与流域综合管理的高级阶段（刘永等，2007），使得我国重点湖泊的富营养化程度持续下降（Tong et al., 2017），形成了涵盖控源截污、生态调水、内源清淤和生态修复等多类工程技术的湖泊综合治理体系。但我国湖泊富营养化治理的现状仍不乐观（王圣瑞等，2016），全国范围内持续关注的 142 个重点湖泊中，约有 16%的湖泊仍面临富营养化的威胁（Huang et al., 2019）。截至 2018 年，约有 780 km^2 的湖泊水域出现了藻类暴发现象，占所调查湖泊面积的 35%（Huang et al., 2020）。

以上结果表明，即使在湖泊治理方面耗资巨大，也尚无法保障湖泊水质的持续和稳定改善。从 2000—2019 年的统计数据来看（图 1-1），我国的水环境防治直接投资在波动中呈上升趋势，已接近 2 000 亿元/年；全国重点湖泊中，水质较差的湖泊占比随着 2008—2012 年投资的增加而快速降低，但自 2013 年开始，仍约有 20%的重点湖泊水质较差并处于轻度或中度富营养化状态。这证实了以上不同研究给出的相似结论：中国湖泊水质和富营养化状态的进一步改善进入"瓶颈"期，而这不是仅仅通过增加环境治理投资就能轻易应对的。

我国湖泊富营养化控制有其独特性。与欧美国家湖泊经历的渐进污染与分阶段治理相比，我国湖泊同时受到高强度的流域负荷输入和人为水文调节等叠加干扰，流域入湖负荷的削减比例高于湖体水质改善程度，湖体中 N、P 和藻浓度处于较高水平。经过长期治理，湖体 N、P 浓度表现出降低趋势，但表征藻类生物量的叶绿素 a（Chla）浓度仍较高，湖泊常年稳定处于藻型浊水状态，治理难度较大。全国重点流域的水环境治理依然普遍面临着总量减排与水环境质量改善关联并不明确的重大挑战。由于存在这个难题，"十三五"期间，一方面，全国重点流域普遍存在流域内城市污水治理工程规模比前两个五年规划明显减小的情况；而另一方面,"水十条""十三五"生态环境规划等上位政策及公众对湖泊水质目标管理的要求不断提升。因此,更为迫切地需要在认识我国湖泊富营养化机制的基础上发挥治理工程的水质效益,促进湖泊系统长期持续的水质改善与生态健康。

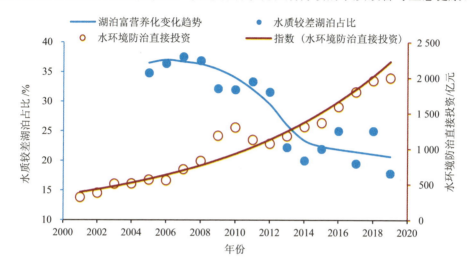

图 1-1　2000—2019 年我国重点湖泊水质与水环境投资变化情况

注:①直接投资包括排水系统建设投资和污水治理投资。②水质较差湖泊包括水质处于地表水Ⅴ类和劣Ⅴ类,同时被评估为富营养化状态(轻度富营养化或中度富营养化)的湖泊。
数据来源:历年《中国生态环境状况公报》和《中国环境统计年鉴》。

本研究认为,湖泊水质长期持续的改善需要做到 4 个回归:①回归湖泊自身的特征,即湖泊处于相对封闭、营养物质和污染物长期累积的状态,治理措施不断地削减污染物增量,但湖体自身的存量难以降低,使得工程总量减排与水质改善间呈现非线性的响应关系。②回归湖泊治理的初衷,即摆脱以单纯削减总量为目标的束缚,转变为以水质和水生态为目标导向,以提升水质促进生态健康的恢复,实现环境改善与经济社会的协同发展。③回归工程建设的目标,即提升单项治理措施和系统治理工程的水质效益,以工程治理保障水质改善,对工程环境效益的评估要从实现建设指标要求转变到精细的总量绩效核算与精准的水质绩效评估。④回归环境决策的根本,即在水质目标管理的条件下,解析治理工程的水质贡献,调整优化已建工程的规模与运行方式,并发掘水质改善效益潜能较大的工程类型与规模,更好地发挥工程对水质的改善作用,实现精准治污。

为应对水环境治理的新挑战和实现"精准治污"，近年来水污染防治的政策要求在不断深化。2015 年 4 月，国务院发布《水污染防治行动计划》（以下简称"水十条"），强调"源头控制，水陆统筹、河海兼顾，对江河湖海实施分流域、分区域、分阶段科学治理，系统推进水污染防治、水生态保护和水资源管理"。2016 年 12 月，国务院发布《"十三五"生态环境保护规划》，要求以提高环境质量为核心，加强生态保护与修复，不断提高生态环境管理系统化、科学化、法治化、精细化、信息化水平。此后，水污染防治逐步进入科学、系统、精细化、信息化治理的新阶段。2019 年 12 月，中央经济工作会议明确指出"要打好污染防治攻坚战，坚持方向不变、力度不减，突出精准治污、科学治污、依法治污，推动生态环境质量持续好转"。2020 年 5 月 7 日，《生态环境部工作规则》强调"突出精准治污，要认真分析影响环境质量改善的主要矛盾和矛盾的主要方面，做到'五个精准'，即问题精准、时间精准、区位精准、对象精准、措施精准。突出科学治污，要强化对环境问题成因机理及时空和内在演变规律研究，提高把握问题的精准性和治理措施的针对性、有效性"。这更是对"精准治污"的明确解释。5 月 22 日，十三届全国人大三次会议在《政府工作报告》中首次提出要提高生态环境治理成效，突出依法、科学、精准治污。在 2021 年全国生态环境保护工作会议上，生态环境部再次强调要"坚持突出精准治污、科学治污、依法治污，深入打好污染防治攻坚战"。至此，"精准治污"已成为污染防治的重要抓手，在今后的长期工作中将发挥越来越关键的作用。

1.1.2 研究目的

尽管推行精准治污已成为共识，但实现水质的进一步提升，目前至少还面临两方面的挑战：①流域总量减排与水环境质量改善间有关联，但其响应关系并不明确。②重点流域内的污染治理工程体系已基本形成，但由于配套设施、管理、运行等方面的不完善，其效益并未得到全部发挥。在此情况下，未来的重点流域水质改善需要进一步转变思路，从"重工程建设"向"工程提升增效"转变，从"对工程的总量减排绩效评估"向工程的"水质改善绩效评估"转变，从"粗放治理"向"精准治污"转变。

精准治污决策不是一个新概念，但其内涵却需要进一步明晰。流域精准治污是以水质响应为核心的工程评估与治理体系的构建，前提是建立从工程、子流域（子片区）、排口到河流、湖泊的水质响应关系。精准治污决策需要回答如下问题：①基础评估：流域内的工程和管理措施对水质改善是否有效？与水质目标间是否有对应的响应关系？其贡献程度有多大？②潜力评估：流域内不同治理措施间如何实现优化组合，以提升整体的负荷削减及对河流、湖泊的水质改善效果？③对策优化：河道与湖体的哪些断面可优先达标？优先重点控制的区域在哪儿？现有的重点治理工程能否实现局部的断面水质达标？④优先布局：已建工程如果不能保障水质达到目标，应该提前谋划并重点实施的治理项目是什么？

为回答上述问题，本研究认为至少需要从以下 3 个方面开展工作：

（1）分析影响水质的主要源排放及其对水质响应的贡献。对于不同的水质断面而言，流域内不同的源排放对其影响有很大差异。因此，要实现对特定断面水质目标的精细分析，就必须要识别到底哪些源、什么时间段的排放对其影响是显著的，即建立直接的源解析关系，分析工程措施是否放置在最需要削减污染源的位置。这是水质目标精细化管理的必需，也是传统以容量计算为基础的工程设计所难以达到的。

（2）评估已有措施的水质绩效和贡献，分析提升工程运行效率的管理方法和关键技术。这一评估突破了传统工程评估的范畴，是基于总量削减的评估，但更重要的是以精准目标为导向的水质响应评估。它建立在单项工程评估的基础之上，重点是以河流输入和子流域（子片区）为整体的综合评估和"量—质"评估。此外，还要考虑是否有工程联合优化的可能性，通过工程的时空优化调度来达到水质改善效果。

（3）如果通过对已建工程的提升增效，仍然无法达到水质目标要求，那就需要进一步考虑，对于特定的水质断面而言，需要在流域的什么位置，采取怎样的措施，方可实现水质达标，确定适合的工程方案、规模、投资、空间布局及其水质绩效。

我国重点流域前几个五年规划的规模化污染治理为进一步改善水质奠定了坚实的工程基础，水体污染控制与治理专项（简称"水专项"）等科技研发计划为精准治污决策提供了丰富的技术储备。在"十四五"乃至以后，应该更多转向已有工程的优化提升增效与新建工程的查漏补缺，通过对已有工程的优化、组合、调度、管理来增强工程的水质绩效，以工程、管理和科技相结合来实现流域精准治污和水质提升。

1.2 国内外研究进展

富营养化湖泊受外部边界变化影响剧烈，内部水质水生态过程错综复杂，关于富营养化问题的产生和变化机制的基础研究在持续进行。通常，湖泊的内部过程主要分为4个：①水动力过程，指水体在时空上的流动过程，这是所有湖泊时刻都在变化的过程，同时也是其他内部过程的基础，如环流、湍流和波浪运动是影响水体温度场、营养物质聚集与分散、溶解氧含量、生物群落和生产力分布的主要因素；②热量交换过程，指温度在时空上的分布规律，对水动力过程和水质过程都非常重要，如水体分层导致营养物质、溶解氧在垂向上的显著差异；③水质过程，以水体中的水质要素为研究对象，描述水质要素的输移过程与水质变化的响应关系；④水生态过程，主要有生物因子驱动的生物光合作用、藻类生长、水生植物生长、浮游动物生长、鱼类生长、单种群增长和生态毒理过程。此外，部分研究还包括泥沙输移过程、有毒物质模块和沉积物成岩过程等。这些过程相互作用、相互依赖，形成一个复杂的系统网络。

"十三五"期间，围绕流域精准治污决策的研究刚刚起步，相关的工程实践也正在探索之中。在富营养化机制得到重大突破之前，支撑起精准治污决策整个体系的关键是模型技术或方法，用以建立"工程—片区—排口—河道—湖体"逐级的水质响应关系，解析不同尺度上污染源的水质贡献，识别优先达标的水质断面，优化已有工程的运行方式以及优化配置拟建工程布局。具体而言，在富营养化问题的背景和精准治污的要求下，模型的作用主要表现在以下几个方面：

（1）准确、系统地表达水体的单个或多个主要过程，包括水动力、泥沙、有毒物质、水质、浮游动植物等多物质过程，表征系统的非线性特征。支撑水质管理和富营养化控制决策仅仅用实验和监测数据是不够的，特别是对于那些大而复杂的水体，受到成本、时间和技术条件的限制，实测数据经常不能全面支撑管理措施的执行，一旦出现数据错误就会导致对水体实际的物理、化学和生物过程的误解（Jan-Tai et al.，1994）。而模型可以从系统角度推求与监测相关的各个过程在时间、空间或者更多维度上的中间数据，这使得模型成为水环境管理方面一个经济适用的工具。

（2）根据模拟的各个物质间的响应关系解析得到污染源对水质和水生态的贡献程度。湖泊及其流域是一个融合自然和社会等多个子系统的复杂系统，污染源在时空上分布不均，很难利用监测手段解析得到每个污染源的贡献值。而借助模型以情景分析的方式得到各个污染源的相对贡献，建立水质、水生态与污染控制的直接响应关系，将有利于确定优先控制的重点区域和提出更高效的控制方案（Carraro et al.，2012）。

（3）更好地服务于情景分析、方案评估和决策优化。当富营养化控制发展到整个流域的广度时，其控制方案越来越依赖于准确的数值模拟。有效的解决方案需要考虑水质现状以及期望达到的管理目标，这就必须要预测和分析多种情景，尤其是在实际条件下可能尚未发生的情景。模型能够使决策者从可供选择的方案中选出更好、更科学的措施，评估对解决长期水质问题最有效的方案（Ahlvik et al.，2014）。模型也可作为环境经济分析的基础，根据模拟结果优化控制方案得到有限成本下水质改善、效益高的控制措施。

（4）模型构建依靠必要的监测数据，同时也能促进数据监测方案的完善。不充足的数据无法构建良好的模型，数据收集和模型构建可以相互促进，根据阶段性的模拟结果反馈实际数据在时间、空间上的监测代表性问题。构建良好的模型有助于设计更为合理的水质、水生态常规监测布点和监测频率，以较低的监测成本实现水质、水生态的整体监控（Ju et al.，2010）。

（5）模型同时可促进基础理论的发展。模型内部的核心方程是根据物理、化学和生物等理论形成的，包括水动力、沉降与悬浮、吸附与解吸、微生物分解等动力学过程，虽不能完全代表真实的系统，但含有足够的系统主要过程，可以准确地量化各个过程通量，并辅助认识真实系统。模型能够较好地重现观测数值，若模拟结果能够揭示现有研究未能表征或未解释的机理现象，这恰恰能促进基础理论的进一步完善（Schnoor，1996；Van Nes and Scheffer，2005）。

流域精准治污决策技术可由水污染防治领域的众多模型或方法重构形成，再结合精准问题的导向，解决精准的时间和区位源解析问题，找准控制的精准对象，最后实施精准的治理措施。以湖泊为例，广义上，可根据目的和功能把这些模型分为湖泊富营养化响应模型和流域优化调控决策模型。其中，湖泊富营养化响应模型又可根据来源分为基于数据驱动的统计模型和因果驱动的机理模型，湖泊富营养化响应模型的研究重点包括基于统计回归和机器学习模型的藻类-营养盐关系拟合（Allawi et al.，2018；Bhagowati and Ahamad，2019；Le Moal et al.，2019）、基于简单机理模型的大尺度环境空间模拟与适用性讨论（Hong et al.，2017）、基于复杂机理的湖泊水动力-水质-水生态模拟模型开发（Niu et al.，2013；Anagnostou et al.，2017）以及针对藻类、营养盐、溶解氧（DO）、沉积物等多物质变化的模拟与应用（Bhagowati and Ahamad，2019；Jorgensen，2010）。流域优化调控决策模型主要包括多目标、非线性、不确定性等优化方法，并探究复杂机理模型简化及在优化治理决策中的应用（Hong et al.，2017）、复杂模型的替代方法及评估（Razavi et al.，2012；Reichstein et al.，2019）等。已有文献主要针对模型构建、求解、不确定性分析及优化等传统方向展开研究，但缺乏针对现状富营养化最新治理背景下，实现精准治污决策的综合讨论，面临非线性表征、调控精准性等新挑战，未来还需要对数据融合、模型方法研发、应用研究等做深入探索。

1.2.1 水质响应模型研究进展

1. 数据驱动的统计模型

湖泊富营养化响应模拟中常用的统计模型包括经典统计学模型、贝叶斯统计模型和机器学习模型等，这些模型都是由数据直接驱动的。

经典统计学模型，是指采用经典统计学的理论进行建模的方法，按照能否采用确定的有限参数建立模型，又可分为参数方法和非参数方法。参数方法为当前应用最普遍的统计学方法，包括线性回归模型、对数线性回归模型、广义线性回归模型、分位数回归模型、滑动平均模型、动态线性模型、混合效应模型以及多元统计分析方法等（Li et al.，2014），其中滑动平均模型和动态线性模型多用于时间序列回归。非参数方法由于不需要预先设定参数的个数，因此对拟合非线性关系具有很大优势，常见的方法包括局部加权回归、广义加性模型和时间序列分解模型等（Wan et al.，2017）。

贝叶斯统计模型，是指采用贝叶斯统计学理论进行参数估计的一类方法，其明显区别于经典统计学模型之处在于，进行参数估计时，需要给定先验分布以及参数视为分布（经典统计学理论认为参数具有唯一真值）（Ellison，2004）。在湖泊富营养化响应模拟中应用较多的方法包括贝叶斯方差分析模型、贝叶斯层次模型和贝叶斯突变点模型等（Qian and Shen，2007；Liang et al.，2018；Liang et al.，2019b）。贝叶斯统计模型在参数和模型的不确定性分析中具有优势，因而常用于建立不确定性的响应关系和探究特定事件（如藻类暴发）的不确定性或风险。

机器学习模型是一类新兴的数据分析技术，该类方法直接从数据中挖掘信息，而无须依赖于预定的方程。常见的机器学习模型包括贝叶斯网络、人工神经网络、支持向量机、随机森林和递归神经网络等（Liang et al.，2020），其中递归神经网络（如长短期记忆神经网络）常用于时间序列变量的模拟（Liang et al.，2020）。机器学习模型的主要优势在于对复杂非线性关系的拟合，随着监测数据的积累，建立可靠的机器学习模型使挖掘变量间复杂的非线性关系成为可能（Crawford et al.，2015）。因而，机器学习方法成为应用于湖泊富营养化响应模拟中非常有前景的方法。但需要注意的是，机器学习模型需要大量的监测数据进行模型训练和验证，在应用时也需特别注意避免过拟合现象。

上述方法在应用中通常用于建立响应关系、时间序列特征分析以及敏感指标的预报预警。例如，根据建立的营养盐与 Chla 的响应关系来确定 Chla 在目标水平时的营养盐基准值（Huo et al.，2013）；采用时间序列分解模型探究变量的趋势和周期性特征（Stow et al.，2015）；采用长短期记忆模型建立 Chla 浓度与其他水质指标间的响应关系并进行短期预报（Liang et al.，2020）。

2. 因果驱动的机理模型

机理模型包含流域的水文与污染物输移模拟以及对湖泊水文、水动力、水质、水生态等过程的模拟，这里重点介绍以湖泊为核心的模型。在空间维度上，上述模型可实现零维、一维、二维和三维的过程模拟；此外，根据研究对象的不同，模型还包括泥沙输移过程、有毒物质模块和沉积物成岩过程等，这些过程相互作用、相互依赖，形成一个复杂的系统网络。目前常用的湖泊复杂机理模型包括 Environmental Fluid Dynamics Code（EFDC）、CE-QUAL-W2、Delft3D、

MIKE3、RMA-10、AQUATOX、Computational Aquatic Ecosystem Dynamics Model（CAEDYM）、Water Quality Analysis Simulation Program（WASP）、IWIND-LR 和 MOHID 等。关于每种模型的模拟状态量、复杂程度、优势与不足及适用性等特征，可参考已有的研究综述（Anagnostou et al.，2017）。

机理模型的建模与应用要求严格，需要较多的输入数据，如人口、地形、土地利用等基础数据，以及气象、污染产生与输入等时间序列数据，并需具备对研究对象充分的了解和丰富的模型构建经验。例如，Zhao 等（2013）基于 EFDC 构建了异龙湖的水动力-水质模型，模拟湖泊的水动力循环、污染物迁移转化以及营养盐、浮游植物和大型植物之间的相互作用，量化水质对负荷削减强度和生态恢复措施的响应；Liu 等（2014）模拟研究了湖泊水质、水生态对流域生态补水和湖泊水位的响应关系，区分了不同外界输入对湖泊水质变化的贡献。

流域是湖泊富营养化控制的基本单元，由此需要流域水文和污染物输移模拟以及湖体响应模型的耦合来实现多过程、跨时空尺度的应用，这增加了模型构建的难度。流域模型为湖泊模型提供输入数据，而湖泊模型则模拟湖泊对流域负荷输入的响应，并为流域模型的反向校核提供参考。流域模型可以选择 Soil & Water Assessment Tool（SWAT）、Hydrological Simulation Program-Fortran（HSPF）、Loading Simulation Program C++（LSPC）等，湖体响应模型可选择 EFDC、WASP、CAEDYM 等，以及将三者耦合在一起的综合模型平台，如 MIKE-SHE、MIKE-11 等。针对湖泊模型与流域模型的耦合研究数量较多、难以统一等问题，实际研究中通常需要结合模拟目的、状态过程、模拟时空精度以及对模型熟悉程度等因素进行选择，这里仅举例说明。例如，Carraro 等（2012）以意大利北部的 Lake Pusiano 为对象，将分布式流域水文模型 SWAT 和湖泊响应模型 DYRESM-CAEDYM 耦合，讨论并比较了不同情景结果的差异；Debele 等（2008）耦合水文和水质模型（SWAT 和 CE-QUAL-W2）来模拟高原流域和下游水体的水量和水质的综合过程；Zhang 等（2012）耦合 SWAT-EFDC-WREM 来模拟加拿大 Assiniboia 流域水量、温度和氮磷、溶解氧等变化过程，结果表明该流域水生系统主要受氮限制，且沉积物通量在水库营养盐动态变化中起着至关重要的作用；Bai 等（2018）结合 SWAT 和 EFDC 模型模拟中国八里湖水质对污染源的响应情况，结果表明污染源对湖泊水质的贡献具有很强的空间异质性，为优化污染负荷控制方案提供了有用的信息。在治理决策优化过程中，机理模型又进一步作为评估优化方案的必要工具，形成模拟-优化体系（Reichold et al.，2010；Dong et al.，2018）。

机理模型尽管已得到广泛应用，但由于其具有时间精细化、空间多维化、机理过程多样、状态变量繁多、参数数量庞大和参数交互性强等特点，模型面临着敏感性分析、参数校正、模型不确定性等众多挑战。敏感性分析主要是识别对输出结果有重要影响的输入边界和模型参数（Tomassini et al.，2007；Chu-Agor et al.，2011），包括局部敏感性分析和全局敏感性分析。局部敏感性分析能快速地识别单因子的敏感性，但无法反映机理模型里多输入、多参数在全局空间的敏感程度（Massada and Carmel，2008）；全局敏感性分析可探索所有关键参数在整个高维空间的影响，评估参数间的相互关联，适用于非线性的机理模型（Song et al.，2015），但其需要高额的运算成本（Yi et al.，2016）。参数校正是机理模型运用中必要的过程，由于机理模型参数的数量巨大（通常超过100个），需要在校正前筛选出对模拟结果有显著影响的敏感参数，再对其进行校正以更好地拟合湖泊的水动力、水质和水生态变化过程。模型的参数校正通常分为两类：①基于建模经验和试错法的参数手动调整法，需要建模者对湖泊有充分的了解和对参数的深入认识；②自动优化算法，如遗传算法、贝叶斯推断法、Generalized Likelihood Uncertainty Estimation（GLUE）法、Markov Chain Monte Carlo（MCMC）法、模拟退火法等，可在一定程度上减少对模型开发经验的依赖，也有利于分析模型模拟的不确定性（表1-1）。但由于参数校正通常需要进行成千上万次机理模型的运行，才能保证模拟误差达到可接受水平或达到自动校参算法的收敛条件，因此，在复杂机理模型校正中采用自动校正的算法存在挑战（Liang et al.，2016）。

表1-1 机理模型校正中常用的参数校正方法

算法	参数搜索方式	搜索速率	优点	缺点	文献
遗传算法	交叉变异、优胜劣汰等进化方式	较慢	使用概率机制进行迭代；并行计算；结果稳健；可扩展性强	种群初始化对结果影响较大；容易落入局部最优；未及时利用适应度的反馈	Cooper et al.，1997

算法	参数搜索方式	搜索速率	优点	缺点	文献
贝叶斯推断法	结合先验分布的后验分布计算与抽样	慢	先验信息和样本信息的综合；获取参数不确定性分布信息；可动态更新和适应性调整	先验分布和似然函数的选择存在主观性；高维参数空间的抽样问题	Dilks et al., 1992; Borsuk et al., 2001; Wu et al., 2017
GLUE法	参数组合似然函数评价与采样迭代	慢	"异参同效"；获得参数不确定性	似然阈值和似然函数的选择存在主观性；高估或低估不确定性；运行效率依赖采样技术	Beven and Binley, 1992; Andréassian et al., 2007; Blasone et al., 2008
MCMC法	马尔科夫链迭代至收敛平稳分布	较慢	参数分布具有平稳性；采样速率较高；可扩展性强	参数分布收敛前的运行代价高；缺乏参数分布的解释	Bates and Campbell, 2001; Vrugt et al., 2009; Liang et al., 2016
模拟退火法	扰动、平衡、下降过程迭代收敛至最优解	慢	较强的全局搜索能力；稳健性强；适用于并行处理	收敛速度慢；算法性能与初始值有关及参数敏感	Wang et al., 2009

在构建和应用机理模型时，模型数据不确定性与参数不确定性是影响模拟误差值和方差值的主要因素，因此，对模型不确定性的研究就显得尤为重要，尤其是决策支持模型。这些不确定性主要包括：湖沼学机理认识的经验表达与不确定性（Park et al., 2005）；模型结构中方程的概化与计算机数值求解方法产生的近似；模型网格和时空尺度的离散化形式；水质模型参数存在的"异参同效"；模型边界数据和观测数据的不确定性等（Liu and Guo, 2008）。由于这些问题的存在，在过去的治理决策中往往更倾向于简单机理模型（Hong et al., 2017），但随着计算能力的提升以及对决策精度的更高要求，复杂模型的应用越来越广泛。但是无论采用简单还是复杂的机理模型，都需要根据模型服务目标对其进行不同层次的不确定性分析（Harmel et al., 2014），并加强对模拟结果的解释与讨论（Matott et al., 2009）。一些研究致力于提出统一的模型不确定性分析框架和应用规范（Moriasi et al., 2015; Tscheikner-Gratl et al., 2019），包括模型过程表达、空间和时间尺度、模型

参数取值、校正与验证策略、敏感性分析、不确定性、性能测量评估等全过程的重点建议，为模型应用提供了参考。

1.2.2 流域优化调控决策的模型研究进展

以污染负荷削减为核心的流域调控是解决湖泊富营养化问题的根本，决策优化模型有助于寻找实现湖泊管理目标的最佳方案。由于湖泊流域系统具有非线性特征，将机理模型和优化模型建立在统一的框架之下，形成模拟-优化方法体系成为流域调控决策研究和应用的热点（Reichold et al.，2010；Dong et al.，2018）。其中，机理模型用来模拟湖泊和流域系统内部要素对外界驱动因素的响应关系，并对可能的状态变化进行预测；优化模型则通过迭代运行模拟模型，在约束条件下寻求实现目标的最优解集空间。优化模型有不同的形式，根据目标函数和约束函数的复杂度可采用线性优化和非线性优化形式；根据参数的形式可采用区间规划、模糊规划和随机规划；根据目标的数量可采用单目标优化和多目标优化等。模拟-优化耦合的一般形式为（Srivastava et al.，2002）

$$\min f(x) \tag{1-1}$$

$$\text{s.t.} \quad g_j(x,y) \leqslant 0, \ j=1,2,\cdots,m \tag{1-2}$$

$$h_i(x,y) = 0, \ i=1,2,\cdots,n \tag{1-3}$$

$$y = U(x,w) \tag{1-4}$$

式中，x 为决策变量的向量；$h_i(x,y)$ 和 $g_j(x,y)$ 为优化模型的等式和不等式约束式；$U(x,w)$ 为模拟模型；w 为模型的参数集合。

模拟-优化方法亦存在不确定性，对应的优化方法主要包括随机优化、区间优化等。随机优化是在求解过程中对不确定参数采用蒙特卡洛随机采样，再转化成确定性的优化问题进行求解（Dong et al.，2015）；区间优化是将不确定参数用区间数来表达，采取各种不同的求解形式寻找最优解（Goberna et al.，2015）。但近年来的研究表明，某些区间优化求解算法的结果难以在任何条件下都能够确保系统满足约束条件（Huang and Cao，2011），针对这一问题，出现了一些面向实际应用的算法，其中包括风险显性区间数线性规划模型（REILP）算法（Zou et al.，

2010a）。REILP 算法基于极端情景和对应方案定义风险函数，从而使得在区间优化问题求解过程中，不管是约束问题的处理还是方案的优劣判断都具有明确的决策意义。

　　机理模型和优化模型可直接耦合，对于简单或可以显示表达的模拟模型，这种方式可以通过经典的启发式搜索算法（如遗传算法、粒子群算法）求出其近似解，但对于复杂的模拟模型而言却难以求解。尽管近年来计算速度大幅提升（Maringanti et al.，2009；Wu et al.，2017；Jiang et al.，2017），但是模拟-优化方法依然面临计算效率不足的难题，因而通常选择将模拟模型进行并行计算（Gitau et al.，2012）、简化（Xu et al.，2013）或者替代（Fen et al.，2009；Behzadian et al.，2009）。替代模型是对原模型进行再次建模（Ge et al.，2015），拓展了机理模型在敏感性分析、参数估值、污染源水质贡献解析和模拟-优化方法等层次的应用（Ratto et al.，2012）。目前的替代模型主要分为两类：①响应面模型，基于数据驱动建立原始模型输入/输出的响应关系；②简单模型替代，拥有与原始模型相近的模拟过程但简化模型细节，删去不敏感性的物理过程、参数或对原模型进行降维处理。已有研究对替代模型进行了总结，在机器学习算法得到广泛关注前，替代模型主要是简单的统计模型，如多项式拟合、moving least-squares、radial basis functions、support vector regression、Kriging 等。Chen 等（2006）设计了 7 种对复杂模拟模型进行替代的统计模型，综述替代模型在实验抽样与拟合方面的最新进展；Forrester 和 Keane（2009）进一步结合多种统计算法推荐替代模型的构建框架，明确在初始抽样、噪声、嵌入方式和多目标等方面需要重点关注的问题以及应对办法；随着替代方法的拓展，Razavi 等（2012）将替代模型分为响应面替代模型和低复杂度替代模型，总结在水资源领域的应用，采用实例讨论各种方法的限制及样本量等问题，并提出缩减替代成本、强化替代不确定性是未来更多新替代方法所面临的新挑战。在模拟-优化方法中，有研究从近似求解的角度提出了一些高效求解非线性问题的替代模型，如 Zou 等（2010b）开发了非线性区间映射重构（NIMS）的方法，与 REILP 算法结合，将非线性问题替代为线性规划，在显著提高计算效率的同时能够得到高度精确的解。

1.2.3　流域精准治污决策技术面临的挑战与展望

1. 面临的主要挑战

我国湖泊治理已取得明显进展,但成效并不稳定(Zhou et al.,2017;Tong et al.,2017),尤其是藻类水华的暴发强度与频次仍然很高,进一步治理面临更大的挑战,更为迫切地需要在对富营养化机制理解基础上的流域精准调控决策,并促进湖泊系统长期稳定的水质改善与生态健康。因此,如何表征高度非线性响应,如何提高调控的精准性将成为制约湖泊治理成效的关键问题。

在非线性响应方面,湖泊是包含水动力传输、热量交换、沉降与释放、硝化与反硝化、固氮、生物生长与死亡等多种物质循环的复杂系统,对于大气沉降、流域输入等边界条件的响应关系多呈非线性(Liang et al.,2019a)。同时,非线性也增加了富营养化湖泊的治理难度,如入湖污染负荷的削减并不意味着水质的等比例改善,更不意味着藻类生物量的同步下降(Phillips et al.,2005)。时滞性可作为非线性的一种表现形式,其是指由于水体中物质传输及生物生长、死亡等生物地球化学过程的作用时间尺度不一致,导致了系统内的因果关联与响应关系具有时间上的滞后效应(Jeppesen et al.,2007),例如,物质循环以小时为响应的时间单元,但水生生物的生物量变化则需要以天或者更大的时间尺度进行衡量。对于单一湖泊而言,非线性响应可分为两种:外源输入的非线性叠加和湖泊内氮、磷、藻浓度的非均匀性变化。外源输入的非线性叠加,是指在外部自然和人为(如负荷输入、短时冲击、水利调节等)的复合干扰下,湖泊呈现出动态和非线性变化,其关键问题是能否定量解析各种干扰的贡献。非均匀性变化,是指湖内生物地化循环对氮、磷、藻等产生非等效影响,其关键问题是如何衡量外源输入与内部循环的关联及贡献(Zou et al.,2018)。对于多湖泊而言,非线性指其响应的时空异质性,即不同湖泊对于负荷输入响应的敏感性存在差异性。即使是同一类型的湖泊,由于所处区域的地形、水动力条件、生态结构和物种组成不一致,在相同的外界干扰强度下也会表现出迥异的响应关系。

在湖泊治理调控决策方面,当前遇到的"瓶颈"是流域总量减排与湖泊水质改善间的关联并不明晰(Schindler and Hecky,2009;Schindler,2012;Jarvie et al.,

2018），因此，如何提升已有治理措施的水质改善效益、实施精准治污，是后续治理的核心突破点。而以水质改善为目标的工程治理实践需要定量化表达出微观措施与宏观水质间的跨时空响应关系，以解决自下而上的工程总量削减与自上而下的水质管理目标两者之间的脱节问题，这种跨时空尺度的响应关系将会更加复杂，不仅要面临上述非线性、不确定性与计算成本等问题，还需建立将陆域污染物迁移模型、河道水动力-水质模型、湖泊水动力-水质-水生态模型紧密相连，且具有高时空分辨率的模型系统，再耦合优化决策模型，以形成同时考虑"城市—流域—湖体"一体化监测、"工程—片区—排口—河道—湖体"系统评估、水质改善与负荷削减决策优化、湖泊治理工程科学设计等在内的精准治污决策系统，其中面临的挑战集中表现在非线性响应的时空尺度转化与统筹、海量组合方案评估、模型运算成本与等效替代、工程运行与动态调度、不确定性分析与决策稳健性等方面。

2. 研究展望

1）多源数据的融合

精准治污决策的根基是获取精准可靠的数据，无论是数据驱动的统计模型，还是因果驱动的机理模型，抑或是决策导向的优化模型，均离不开可靠的数据。一方面，大量的环境监测数据为富营养化机制提供了深入认识的依据，为湖泊治理提供了新的模型工具；另一方面，流域精细化管理对数据的数量、频次、广度、精确度提出了新的需求（Ahlvik et al.，2014；Zou et al.，2018）。据此，湖泊富营养化的治理迫切需要多源数据的融合，结合大数据挖掘的机器学习方法，以建立更可靠的响应关系，进行更准确的预测，从而更好地为湖泊富营养化管理提供决策支撑。按照来源，数据可以分为原生数据和次生数据两种。

原生数据即为采用测量或监测手段直接获得的数据，主要包括自动监测站的高频监测数据（Crawford et al.，2015）和基于遥感技术获得的高时空分辨率影像数据等（Albert Moses et al.，2014）。高频监测数据包括气象、水文、水质等数据，具有数量大、频率高、自相关性强等特征，能够更加全面、准确地表征变量的动态变化，揭示常规监测所不能反映的规律（Meinson et al.，2016）。由于自动监测的数据量大，难免会存在数据异常和缺失的问题，而采用人工手检的质量控制效率低下，机器学习算法在原生数据的清洗中具有巨大的优势（Leigh et al.，2019），可以实现自动的异常值识别和缺失值插补，获得较为可靠的数据集。

次生数据，是指采用可靠的机理模型产生的具有高频特征的数据，可反映机理模型中变量之间复杂的非线性关系。基于次生数据，可以进一步探索湖泊系统的重要过程，如已有研究根据机理模型输出的通量数据，分析了湖泊各个过程营养盐通量变化特征，更好地揭示了湖体内所发生的氮、磷转化过程（Zou et al.，2017），识别了影响湖泊 Chla 浓度预测的主要水质指标（Liang et al.，2020）。未来随着监测技术与模拟模型的发展与广泛应用，原生数据与次生数据的融合将成为一种新的研究范式，前文已述的机理模型、统计模型亦将成为数据融合的常用方法并得以改进。

2）因果驱动模型与数据驱动模型的结合

因果驱动的机理模型能表达污染物的迁移转化过程，但复杂机理模型对数据要求较高，运行效率较低（Wellen et al.，2015），且模拟的结果容易受到不确定性的影响（Gal et al.，2014），难以支持湖泊水质和水生态的短期预测（Elshorbagy and Ormsbee，2006）。机器学习方法是当前最受关注的数据驱动模型，但由于它无法表达因果关系和机理过程而受到质疑（Reichstein et al.，2019）。因此，将二者合理结合，可为湖泊富营养化响应模拟与短期预测提供新的路径。

机理模型和机器学习方法的结合可通过如下 5 种途径进行（Reichstein et al.，2019）：①采用机器学习方法提高机理模型参数的准确度。②采用机器学习方法替代机理模型的子模型或模块。③采用机器学习方法揭示模拟残差的规律，修正机理模型的模拟偏差。④采用机器学习方法的输出结果来"约束"子模型，从而降低误差传递带来的不确定性和偏差。⑤采用机器学习方法作为复杂机理模型的替代模型，例如，有研究采用长短期记忆模型模拟了复杂水质模型对 Chla 的预测效果，发现数据驱动的机器学习方法可以很好地实现对复杂水质模型预测预报的替代（Liang et al.，2020）；采用水温与能量之间的关系"约束"机器学习模型，建立了过程指导的深度学习方法，成功拟合了湖泊温度随深度的变化关系，提高了水温预测的准确性（Read et al.，2019）。

3）多尺度融合的流域精准优化调控决策模型

随着湖泊治理难度的加大，实施流域精准治理是必然的选择。流域精准治理以"工程—片区—排口—河道—湖体"的水质响应关系评估为基础，为流域调控提供系统、精确、动态和科学的决策支撑。其模型体系主要包括城市排水系统模型、陆域污染物负荷迁移模型、河流水动力-水质模型、湖泊水动力-水质-水生态模型和流域决策优化模型等。不同介质的各类模型彼此之间及其内部存在时空尺度不一致的挑战，如城市排水系统模型中降雨过程主要以工程到片区为空间尺度，以分钟到小时为时间尺度；而排水系统的排放通量主要是以整个片区为空间尺度，以小时到天为时间尺度。陆域污染负荷迁移模型中需要根据研究流域的实际情况决定是否开发或构建地表-地下水耦合、蒸发/蒸腾、地表污染物累积、特殊地表（边坡、农业大棚种植等）模拟、河道"三面光"、湿地等不同时空尺度的模块。湖泊水动力-水质模型以高时空分辨率的水动力、干湿边界、温度模拟为基础，耦合从小时到年的长时间尺度的水质模块，再与以小时到天为时间尺度的基于行为驱动的个体模型、以天到年为时间尺度的生态模型等集合，进行湖泊系统模拟。将城市排水系统模型、陆域污染负荷迁移模型、河流水动力-水质模型、湖泊水动力-水质-水生态模型关联起来，形成机理模型体系，建立复杂的多尺度响应关系（图1-2）。

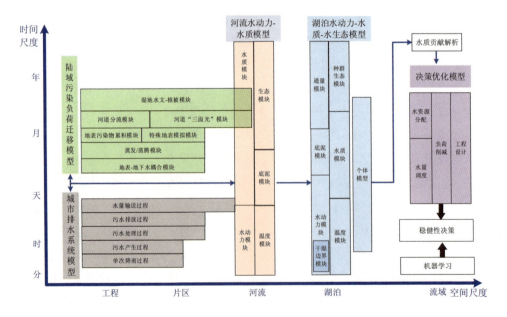

图1-2 流域精准治污模型体系

注：刘永，蒋青松，梁中耀，等. 湖泊富营养化响应与流域优化调控决策的模型研究进展[J]. 湖泊科学，2021，33（1）：49-63.

在实际应用中，以研究问题为导向，根据复杂程度和计算成本，对机理模型体系进行一定程度的简化，对特征值与待预测数据进行采样，构建统计模型或机器学习模型实现点对点的拟合推演。机理模型与统计学习算法的联合可获取污染源水质贡献（Zou et al.，2018），并与决策优化模型耦合形成模拟-优化体系。优化模型以治理成本最小化、工程削减量最大化以及水质和水生态改善最大化为目标函数，以治理措施的类型、规模和布局为决策变量，从海量方案组合中确定最优的方案集合。对于人为干预较强的湖泊-流域系统，水量调度将是未来提升水质效益的重要手段，包括生态补水的周期性调度、城市区域雨污水在多污水处理厂间转输、污水处理厂尾水排放等水量转移决策。与常规的优化决策不同，这是周期性更新且具有马尔科夫决策性质的动态决策问题，更适合使用基于深度学习的强化学习算法去解决（Neftci and Averbeck，2019）。在复杂的流域精准治污决策模型系统中，当模型计算成本无法接受时，需要构建替代模型；使用多源数据对结果进行数据同化，以降低模型的不确定性；同时还应更重视决策的可靠性与稳健性分析。

1.3 研究对象与总体思路

1.3.1 研究对象

本研究选择国家重点治理"三湖"之一的云贵高原湖泊——滇池作为精准治污决策的分析对象，通过对滇池水质现状、治理挑战和解决办法的剖析，深入了解中国湖泊系统的典型特征，充分利用控源截污、生态调水、内源治理或生态修复等治理工程的水质绩效并优化配置工程布局，为全国不同富营养化状态的湖泊提供精准治污决策的典型案例。滇池作为案例研究的多重特殊性表现在：

（1）滇池地处云贵高原地区，紧邻昆明市主城与新城，其 2 920 km² 的流域承担了近 500 万人口规模的经济社会发展所带来的压力。与中国其他湖泊相比，不管是历史时期还是目前状态，滇池依然是治理任务最艰巨的湖泊之一。从"十二五"时期全国 62 个重点湖泊的水质横向对比中可以发现，滇池中代表藻类生物量的叶绿素 a 浓度已经达到其至超过 95%分位线，其余几项水质指标［总磷（TP）、总氮（TN）、化学需氧量（COD）等］也都处于平均水平以上（图 1-3）。由此认为，由于水质严重恶化和极易触发藻类生长的环境因素，滇池已经成为亟须重点治理的湖泊，对滇池治理进行精准治污决策的研究将为中国其他湖泊的水质控制策略提供借鉴。

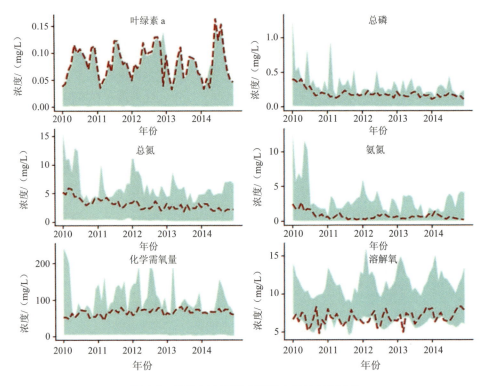

图 1-3　滇池与全国重点湖泊水质的多年对比

注：图中虚线代表滇池的水质变化，阴影部分代表全国 62 个重点湖泊水质在相应月份的[5%, 95%]区间范围。

（2）滇池水质与富营养化状态经历了由恶化到逐步改善的过程，已实施的治理工程多样，重点包括完善环湖截污体系、加快雨污分流改造以及次干管和支管建设、强化流域精细化管理等手段，采取控制城市面源和雨季合流污染、治理主要入湖河道及支流沟渠、完善流域截污治污系统、优化流域健康水循环、提升湿地生态环境效能等一系列措施，努力实现滇池水质目标与总量削减目标。与其他湖泊一样，这些治理工程与滇池水质的响应关系尚不够明确，需要进一步深入评估并从决策上调整优化。

(3)滇池流域雨季降水集中,降雨条件下合流制管网片区形成较大溢流,排口排放污染物随河道进入滇池外海,最终驱动滇池水质呈现旱季水质良好、雨季超标风险态势严峻的现象;雨季溢流带来的冲击效应又会进一步促使藻类浓度在雨季短期内急剧升高。通过对滇池流域雨季污染的精准治污决策研究,可为其他湖泊解决雨季污染负荷的难题提供经验。

自"九五"以来,滇池流域实施了"六大工程"与系列综合措施(尤其是控源截污工程),取得明显且稳定的成效,发挥了关键的污染削减作用,使得滇池 TP 浓度呈现稳定的下降趋势,TN 浓度也明显下降,但藻类 Chla 浓度仍然处于高位,未来水质进一步改善的难度不断增大。根据中国工程院对《滇池流域水污染防治"十二五"规划》的评估结果,流域在工程运营、联合调度管理以及环境效益的发挥方面仍面临着很大的挑战:①作为滇池流域水质改善的控制重点,北岸重污染区合流制、分流制共存的问题导致了雨季合流污水溢流严重,限制了污水收集率及污水处理设施污染负荷去除率的提高,"污水处理厂—调蓄池—泵站—管网"(以下简称"厂池站网")系统超负荷运行与负荷不足的情况同时存在(时空不匹配),入湖污染负荷未能全面有效削减,已成为治污截污工程的"瓶颈";②滇池的补水方式较为单一,尚需对补水方式及流域水资源系统水质水量的联合调控进一步优化,促进重点关键水域水质的改善与生态恢复;③湿地生态修复的实际污染负荷削减能力与理论环境效益还有较大差距,已建成的湿地系统亟须梳理和生态功能再提升;④内源治理工程为应急性措施,工程对水质的影响需进一步科学定量评估;⑤滇池氮、磷浓度下降,但藻类 Chla 浓度并没有得到根本和预期的好转,类似的现象也出现在太湖、美国伊利湖中。此外,滇池具有半封闭、进水多而出水少、进水浓度高而出水浓度低的特点,使得滇池相比长江中下游湖泊有更强的累积效应,这需要各级政府和管理部门对湖泊演变的规律给予高度关注。

经过多年水环境治理的探索与实践,目前我国各流域水环境管理所采用的模拟技术、优化技术仍相对分散,缺乏一体化的、严格的"流域-湖体"水质-水生态响应模拟体系,以及建立在定量响应关系上的流域污染精准控制决策研究。这种分散的流域管理决策技术无法提供全面、综合和动态的流域管理方案,从而也失去了其在实际流域管理决策中的基础性支撑作用。基于精准治污决策的管理能够从"目标确定→知识获取→响应分析→信息综合→决策产出→适应调整"实现流域管理研究的源头到后续管理措施实施的融合；在精准治污决策管理中，模型的开发与集成应用、信息的综合以及知识的局地应用都不是独立的，而是通过相互间的关联与流动整合在流域水环境系统中。

在滇池水质保护与持续改善的科学决策中，需要在巩固多年以来滇池保护治理成效的基础上，以流域水污染控制工程评估及精准治污决策关键技术研发为核心，实施精准治污决策管理。进一步明确现有工程对滇池水质改善的贡献：①滇池水体的哪些国控断面水质可能优先达标，影响优先达标断面的重点入湖河流、对应子流域、流域内治理工程分布及运行情况，明确治理工程与河道及滇池水质目标的响应关系；②重点入湖河流及子流域的污染物削减控制要求，流域内已有重点污染控制工程如何提质增效，如何通过联合调度等方式来最大限度地发挥已有工程水质改善的作用，让现有工程发挥更大效益；③在前几个五年规划的基础上，为使滇池流域水质全面提升，"十四五"应该提前优先布局重点工程方案设计及其对实现滇池水质目标的贡献。

1.3.2 总体思路

结合上位政策提出的精准治污要求，对水污染防治和湖泊富营养化控制方向的精准治污决策进行总体设计。宏观与微观的融合是精准治污决策的出发点，"污水处理厂—管网—河道—湖体"（以下简称"厂网河湖"）的一体化、空间分异与时间动态的统一是精准治污决策的两大手段，系统性工程水质响应评估是精准治污决策的核心任务，而以模型驱动机理的解释是精准治污决策的机理机制保障。

1. 宏观与微观的融合

传统的流域治理决策通常是从宏观模式给出水质目标和控制目标，但是宏观层面的决策分析不一定能高效作用于实际上微观的变化过程。这是因为从水质目标出发，分配水质指标，核算容量，控制总量，最后到实施规划措施并评估总量控制成效，经历了较多中间过程并对水质过程和数据做了一定程度的转化，即信息由繁到简的提炼。表面上这种正向模式是可行的，但是实际上水质提升是微观治理措施的逆向体现，即信息由简到繁的延伸。正向模式所做的信息提炼不一定能够带来逆向的响应结果，中间不确定性因素会对这一过程产生较大的阻碍。例如，从微观的规划措施开始，假设每一个主要过程的不确定性为10%，最后到宏观水质目标的不确定性将增加至约46%，难以保障水质达到预期目标。精准治污决策需要克服这一问题，降低决策到水质提升整个过程的不确定性，因此，拟通过宏观与微观融合的方式进行。该研究中，不同尺度的措施或模型工具能够按照"工程—片区—排口—河道—湖体"（微观至宏观）的模式耦合为一个系统，系统里上下游边界可以形成紧密连接，从而建立"湖体—河道—排口—片区—工程"（宏观到微观）的水质响应关系，这种系统连接的方式能够降低信息丢失和不确定性的影响。

2. "厂网河湖"的一体化

在水污染防治措施中，控源截污系统发挥着骨干作用，也是精准治污决策重点研究内容之一。本研究从湖泊治理的顶层设计出发，将"厂网河湖"看作一个有机联动的系统：①在原有河道自然汇水区的基础上，叠加沿岸排口汇水区与"厂池站网"服务范围，通过片区水量转输、排口末端调查、排口上游追溯、与排口片区拓扑等内容的梳理，建立"污水处理厂—管网—排口"的水量水质响应关系；②排口是连接片区和河道的关键节点，通过承接片区输出的水量水质并代入河道模型，可以建立"排口—河道"的水量水质响应关系；③以湖体的水质改善为目标，建立"河道—湖体"的水量水质响应关系，溯源分析主要河流的入湖污染负荷现状。以上构建的"厂网河湖"一体化系统，能更高效地量化评估各入湖河流的污染负荷削减目标，建立"厂网"管控与湖体水质响应的直接联系，为子流域内"厂网联动增效"提供明确指导。该部分内容将主要在《城市河流片区精准治污决策研究》一书中呈现。

3. 空间分异与时间动态的统一

伴随频繁的经济社会活动的湖泊流域有两个鲜明的特点，即高空间分异性和高时间异质性。高空间分异性包括自然地形状态（海拔、坡度、土壤性质等）、土地利用（森林、城市、农田等）、空间降雨分布、排水系统（分流与合流、直接排放与处理后排放等）、纵横交错的河网（含人工河道、沟渠）、特殊地表（农业大棚、河道两面/三面固化、河道分流）等不同空间属性的复杂分布。高时间异质性包括降雨（旱季与雨季、年内与年际等）、补水（取水点与补水口）、用水需求、排水（工业、农业、生活等排放）、流域内水质较差水体外排、分流（人为需求主导）等不同时间下水量大小与水质负荷的变化。空间和时间的众多影响因素使得流域内污染物的迁移转化难以定量分析，需要根据不同时空下的规律研发相应的模拟模型进行针对性的应对。这些模型不仅是常用的流域水文水质模型和湖体水动力-水质模型，还包括特殊的模块，如地表污染物累积时间序列模拟模块、壤中流/地下水污染物与地表施肥交互动态模块、农业大棚模拟模块、河道"三面光"模块、河道分流模块、湖体再悬浮模块、数值源解析模块等，用以实现空间分异与时间动态的统一。

4. 系统性工程水质响应评估

传统上，治理工程往往基于监测数据或者规划报告，采用简单的负荷削减预估与多项工程的负荷削减量叠加，作为工程效益分析与水质目标达标的依据。但实际上，工程负荷削减与水质响应之间并非单纯的线性关系，并且不同工程之间也不是简单的负荷削减叠加关系，而是存在复杂的协同作用。精准治污决策中，不仅需要针对控源截污、水量调度、内源治理、生态修复等类型的治理工程核算其减排总量，同时要把对水质的影响作为评估核心，从流域或排水系统的角度建立工程到湖体或河道水质之间的响应关系；在此基础上继续解析重点工程的水质提升效益，改进现有工程的规模与运行方式，耦合关联工程发挥联动增效的作用，或者提前优先布局未来重点治理工程，使水质达到预期目标。

5. 以模型驱动机理的解释

坚实的机理解释是精准治污决策的保障。在进行决策实施过程中，需要打开复杂湖泊系统这个"黑箱"，核查水体内部的变化过程。水量水质的变化一定伴随驱动因素的变化。因此，研究中将重点分析流域边界条件、湖体内源等驱动因素变化的影响。如前文所述，湖体氮、磷浓度的降低并不一定引起藻类Chla浓度的下降，还应深入分析藻类受光照、温度等限制因子影响的驱动关系。再如，冬季更多的湖泊颗粒物从水体沉积到底部，但在温暖潮湿的夏季，湖体底部常出现缺氧现象，促使沉积物释放的氮、磷营养盐增加，底部出现"源—汇"功能的转化，而这种内部过程会如何影响治理工程对水质的影响关系，需要给出一个量化过程，以增强精准治污决策的系统性。

1.4 技术路线

流域精准治污决策是一项系统性研究，以系统性水质效益评估和精准治理目标导向为特色，为湖泊流域水污染治理工程设计与评估奠定基础，探索可行的技术线路。根据"水十条"、流域生态环境规划等上位政策制定明确的水质目标与流域治理工程（"厂池站网"系统、水量调度、生态修复和内源治理等）、片区综合特征和水陆衔接等重要量化指标，收集、整理并搭建涵盖空间信息、气象条件、工程运行、水文水质和实时监测等类型的系统数据库，构建能够量化"工程—片区—排口—河道—湖体"响应关系的陆域污染负荷迁移模型、河道-湖体水动力-水质模型和陆域-水域数值源解析模型体系，作为工程优化与新建方案的科学依据。工程优化与新建方案的任务包括现状治理工程联合运行水质效益、现有工程的规模与运行优化、新建工程的布局规模与污染物减排目标、新建工程方案建议等。通过精准的工程前评估与后评估，检查水质目标直至达到预期目标，最后通过水质效益可视化平台展示系统全过程的变化（图1-4）。

1.5 主要研究内容

精准治污决策的主要目标是以为水质达标提供精准决策支持为导向，明确水质可优先达标的断面排序及需重点关注的水质指标，进行入湖口及关联的陆域子流域核查划分，分析辨识对断面水质达标具有重要影响的敏感陆域子流域，明确陆域需完成的入湖污染削减量化目标值并细化到重要排口（支流），提出实现水质达标的入湖河流污染物削减控制要求。在此基础上形成技术方法体系，为滇池流域入湖河流的污染控制与工程方案设计提供目标依据。根据研究内容可以分为7个部分：现状水质特征及变化波动识别、系统调查与排口拓扑关系、监测体系与数据库建设、精准治污决策核心模型体系、重点工程削减与水质效益模拟评估、重点控制区域目标与工程方案、精准治污系统展示平台。

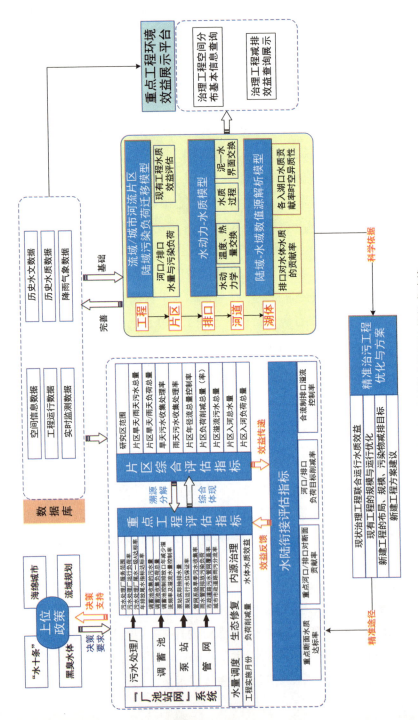

图 1-4 流域精准治污决策技术路线

1.5.1 现状水质特征及变化波动识别

以湖泊（或河道）为受体、以流域为对象，全面分析研究区现状特征（包括水系、降水、水质等特征）。通过对历史多年各个监测点位水质指标的监测数据进行统计分析，明确现状条件下水质整体情况和演变趋势。具体可包括识别可能优先达标的国控断面，分析断面不达标的主要水质因子及不达标时间，初步指出对优先达标断面具有重要影响的入湖河流，明确水质因子是否发生显著上升或恶化，进行现状水质特征及变化波动识别和预测，为后续明确入湖河流对湖体的水质影响评估提出影响水质优先达标断面排序，识别影响断面达标的优先河道及其排口，提出各个入湖河口污染负荷排放控制及削减目标。

1.5.2 系统调查与排口拓扑关系

根据现有管网 GIS 数据，对入湖河道排口数据信息进行核对和检查。在信息判别与逻辑判断的基础上，按照相关的技术规定要求，对矢量数据进行符号配置，对存疑的数据名称、属性进行标注，制作外业排查工作底图。接下来对检查存疑的数据信息进行实地调研。完成外业调研工作后，对整体情况进行整理分析，阐明需要补测或核实的管网数据。实地调查将在现状调绘图已经标示了各个排水口位置的基础上进一步实地核查，并对所作业管线点做连接调查与量测，填写明显管线点调查表，以确定管网间连接关系的正确性，同时确定必须用仪器探查的管网段。"管网—调蓄池—泵站—污水处理厂—排口"等上下游关系确认后，形成拓扑网以备模拟分析使用。

1.5.3 监测体系与数据库建设

精准治污决策需要有充足的监测数据作为保障。除常规的河道和湖体水量水质的监测外，还需要对陆域重要节点进行监测，以保证获取充足的流域基础地理信息、气象条件、河流湖体水文水质等基础数据。缺失的数据需要进行补测，如片区管网系统污水水量水质、合流污水排口水量水质、雨水排口水量水质、河道干流雨季水质监测等。为系统管理与展示数据，根据收集的基础数据、监测数据、模型模拟产出数据等类型制定数据标准，对研究所涉及的所有数据进行标准化处理入库，进行统一存储和管理。设计基础地理信息数据库、监测数据库、模型分析结果数据库，数据表单的设计应满足关联信息快速交互查询的要求，在此基础上将地形、社会经济、管网及排口、气象、水文、水质、重点治理工程等数据收集、整理入库。

1.5.4 精准治污决策核心模型体系

精准治污决策核心技术模型可分为陆域污染负荷迁移模型、三维水动力-水质-藻类模拟模型和陆域-水域响应关系模型。陆域污染负荷迁移模型根据下垫面是否包含排水系统而选择城市管网-水文模型或流域模型；模型内部过程包括降雨径流、管流、旱流污、污水处理厂水动力等控制模块，河道模块，水质模块等。如前所述，若流域内存在典型的河道"三面光"、大棚种植、河道分流等特性，模型还需包含地表污染物累积时间序列模拟模块、壤中流/地下水污染物与地表施肥交互动态模块、农业大棚模拟模块、河道"三面光"模块、河道分流模块。陆域污染负荷迁移模型能够更高效地模拟流域复杂的陆域污染物迁移中的流量、水质负荷，进行流域重点污染治理工程削减效益的分析。三维水动力-水质-藻类模拟模型对污染物进入湖库及河流之后的生命周期进行跟踪，建立污染负荷与水体内部的水质响应的定量关系；模型内部包括水动力学过程、水体中主要污染物的输移与转化过程、沉积物与上覆水体的营养盐交互过程，以及藻类生长与凋亡的动力学过程等。陆域-水域响应关系模型用于解析单个污染源对水体水质的贡献，能够充分地考虑污染源的负荷、流量、位置、水体流场等综合因素，在水质-水动力模型中把各个源贡献解析出来，识别对滇池外海水质影响较大的入湖口及关联的陆域子流域，为实现水质目标而制定的入湖河流污染负荷削减控制要求提供依据。

1.5.5 重点工程削减与水质效益模拟评估

按照控源截污、水量调度、内源治理、生态修复等工程类型进行污染物削减量基准年的核算，分析已建和在建工程在设计运行条件下的理想减排量核算，进行对应的能力评估，分析是否达到设计运行工况及原因。借助陆域污染负荷迁移模型、三维水动力-水质-藻类模拟模型和陆域-水域响应关系模型，以情景分析的方式评估每项工程或每类工程运行前后对湖体水质的定量影响，筛选水质效益较高的工程，并对水质效益差的工程进行机理解释。分时间阶段和空间区域进行全周期综合评估。

1.5.6　重点控制区域目标与工程方案

通过识别影响水质变化的重点断面，定量其水质影响贡献，反推污染物减排量与水质响应贡献等关键效益间的定量关系，分析在基准年使目标断面达标的重点控制河流、重点控制区域（子流域或排水系统片区）以及重点控制污染源，并按重要程度进行排序。结合削减潜力、削减可能性以及可能的情况考虑技术经济性，明确重点控制区域内重点控制污染源的现状产生量与水质达到目标对应的污染负荷削减目标值，提出不同的工程类型或工程技术方向。若现有治理工程无法满足目标指标，则需新增削减量及新建治理工程，明确片区和对应的新工程项目的目标和指标要求。对于建议新增工程，借助陆域污染负荷迁移模型、三维水动力-水质-藻类模拟模型和陆域-水域响应关系模型进行推荐工程组合的模拟评估，逐类提供评估模拟结果与目标可达性评价。

1.5.7　精准治污系统展示平台

将模型产出数据库、研究分析成果等进行集成，构建数据集成与模型模拟结果展示平台。展示平台以 GIS 地图的形式展示治理工程的空间分布关系、基本工程信息及减排效应，建立重点工程与主要入湖河流和考核断面的拓扑关系，实现治理工程空间数据和属性数据的维护更新，并支持各类专题图的生成与发布；实现水文水质监测数据查询展示、排口分区及主要污染治理设施查询、工程布局及效益评估查询展示、水文水质状况动画演示等。

第 2 章　流域精准治污决策技术体系构建

2.1　技术体系总体框架

　　精准治污决策的关键技术是耦合的水文与污染物模拟模型体系，是定量表示"工程—片区—排口—河道—湖体"逐级响应关系的核心工具，能够解析不同片区多级入流的负荷构成和水质贡献，实施治理工程的系统化评估，识别重点控制区域和治理时间，实施精准施策。模型体系由三类、两组空间共 6 组模型组成（图 2-1）。河道空间上的 3 种具有上下游关系的模型分别是河道陆域污染负荷迁移模型、重点河道水动力-水质模型、河道陆域-水域数值源解析模型；湖泊空间上具有关联的模型分别是湖泊陆域污染负荷迁移模型、湖泊三维水动力-水质-藻类模型、湖泊陆域-水域数值源解析模型。以湖泊为例，湖泊陆域污染负荷迁移模型是在全流域尺度上进行污染物迁移转化模拟，流域出口的水文水质模拟结果作为湖泊三维水动力-水质-藻类模型的边界条件，并在湖体层面继续模拟得到各个水质因子的时间和空间变化情况。根据陆域和湖体两类模拟输出数据，构建湖泊陆域-水域数值源解析模型，以解析每条入流对湖体监测点的水质贡献。空间尺度更加精细的河道空间与之相似，可作为精细模拟重点控制河道或片区的主要工具，以修正湖泊空间上的模拟结果。

　　根据流域或水体的复杂程度，其中三类模拟模型可以基于不同复杂度的基础框架进行模型开发和构建。对于富营养化的湖泊，可以基于水动力-水质模型进行构建，但水质与水生态因子在三维空间上存在较大的变异性，特别是藻类的生长，因此必须包含必要的水生态过程；而河道流速快，藻类难以生长，氮、磷营养元素之间的交互作用相对较弱，因此可以进行精简以提升模拟效率。常见的陆域模型有 SWAT、HSPF、LSPC、SWMM、Infoworks 等框架，水体模型有 EFDC、WASP、Delft3D、MIKE 等框架。各个模型框架都有各自适用的流域和水体，接下来，将选择重点框架进行模型原理和适用性介绍。

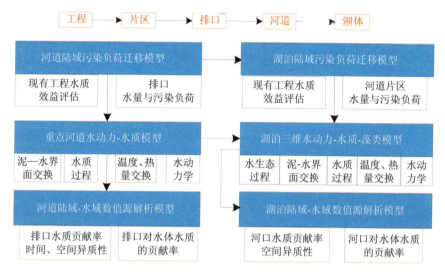

图 2-1 流域精准治污决策的技术体系总体框架

2.2 陆域水文与污染物迁移模拟

2.2.1 模型选择

国内外常用的流域模型有 SWAT、HSPF、SWMM、AnnAGNPS、LSPC 等（表 2-1）（朱瑶等，2013；Fu et al.，2019；Yuan et al.，2020）。其中，SWAT 是专门针对农业非点源污染模拟开发的软件，能预测复杂变化的土壤、土地利用和管理方式下较大流域中产流、产沙及化学污染负荷转移转化过程。包含管网输送模块的 SWMM 适用于城市小尺度流域的点源污染与非点源污染模拟研究。HSPF 既适用于大尺度流域，也适用于中小尺度流域及城市化地区，能够进行连续和单次降雨模拟，内部集成了多种水文水质模拟算法，在流域水量、水质模拟方面有着较为明显的优势，模型的机理性强、区域适应能力强；但 HSPF 内部的算法、程序结构受内存限制较大，当模型的子流域数量、水文响应单元较多时，运行不够稳定，模型的开放性、扩展性也较差。针对这一不足，学者在 HSPF 基础上延伸开发了 LSPC 模型。LSPC 将关系数据库作为模型的主要模块，将除气象数据以外的其他数据都存储或者连接到关系数据库，模型使用者可以方便地更新数据、查找其他模型参数、准备模型输入、处理数据关系以及进行模型结果分析等（Tech and Center，2009；王慧亮等，2011；Tech and Center，2017）。考虑到运行的稳定性及操作简便性，在滇池精准治污决策中采用 LSPC 模型构建流域的水文水质模型。

表 2-1 流域污染物迁移模拟模型比较

		SWAT	HSPF	AnnAGNPS	SWMM
水文模块	地表径流	SCS 曲线法或 Green-Ampt 公式	Philip 方程 Chezy-Manning 公式	SCS 曲线法	曼宁公式和连续性方程联立求解
	地下径流	壤中流使用动力蓄水模型，地下水流使用经验公式	壤中流和地下径流都使用经验公式	壤中流使用达西定律，不考虑地下水流	Green-Ampt 模型、SCS 径流曲线数法或霍顿入渗模型
	河道汇流	曼宁公式和变动存储系数模型或马斯京根演算法	连续性方程和存储系数法或运动波方程	曼宁公式和渠道形状关系	稳定流、运动波、动力波 3 种演算方法
	水库演算	水量平衡或者实测流量	处理成河道	根据水库容量推求	—
泥沙模块	土壤侵蚀	MUSLE	考虑雨滴溅蚀、径流冲刷侵蚀和沉积作用	MUSLE	幂函数累计或者指数函数累计等
	泥沙运移	Bagnold 指数	考虑沙粒、粉沙和黏粒 3 个粒径的泥沙	Bagnold 指数	指数冲刷或冲刷流量特征曲线等
	水库演算	流量和沉积物浓度乘积推求	处理成河道	根据水库容量推求	—
污染物迁移模块		EPIC 模型和 QuAL2K 一维稳态水质模型	考虑复杂的污染物平衡，可以模拟输出多种污染物负荷	一级动力学方程和 CREAMS 模式	指数冲刷或冲刷流量特征曲线等
适用的区域		农业流域	城市区域或农业流域	农业流域	城市区域
空间尺度		地块至流域尺度	流域或子汇水区尺度	流域尺度	地块至流域尺度
时间尺度		日	小时	日	分钟
参考文献		王中根等，2003；USDA-ARS，2021	Bicknell et al.，2001；程晓光等，2014	洪华生等，2005；Bingner et al.，2007；郑粉莉等，2008	陈晓燕等，2013；Rossman，2015

2.2.2 LSPC 模型基本原理

LSPC 模型将模拟地段分为透水地面（PERLND）、不透水地面（IMPLND）、河流或完全混合型湖泊水库（RCHRES）三部分，分别对 3 种不同性质的地表水文和水质过程进行模拟。三大模块又可以分为若干个子模块，实现对泥沙、生化需氧量（BOD）、溶解氧、氮、磷、农药等污染物的迁移转化和通量的连续模拟。

PERLND 模块主要模拟大气温度（ATEMP）、积雪（SNOW）、水量平衡（PWATER）、沉积物（SEDMNT）、土壤温度（PSTEMP）、水温和气体浓度（PWTGAS）、一般水质（PQUAL）、溶质运移（MSTLAY）、杀虫剂（PEST）、氮（NITR）、磷（PHOS）和示踪剂（TRACER），如图 2-2 所示（Tech and Center，2009；Tech and Center，2017）。

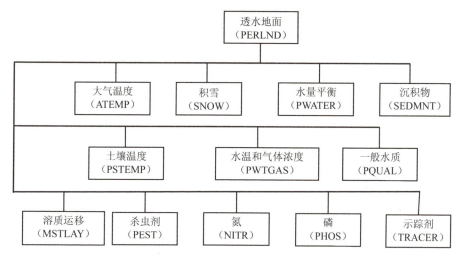

图 2-2 LSPC 模型中 PERLND 模块的结构

ATEMP 对输入的平均大气温度进行修正，以解决气象站和地段之间海拔不同造成的温度差异。这个模块在 PERLND 和 IMPLND 中都有使用，计算公式为

$$\text{AIRTMP} = \text{GATMP} - \text{LAPS} \cdot \text{ELDAT} \tag{2-1}$$

式中，AIRTMP 为修正气温（℉）；GATMP 为测量气温（℉）；LAPS 为下降率

（℉/ft①）；ELDAT 为地段和测量点之间的高度差（ft）。同理，其他模块内部也设置多个子程序。

IMPLND 模块用于模拟很少或者几乎不发生渗透的城市不透水地面。这个模块很多子程序与 PERLND 模块相同，但是由于地表不能渗透，一些地下的反应不能发生，所以模块被简化，如图 2-3 所示。不同的是，IMPLND 可以模拟城市中固体污染物的积累和迁移过程，如街道的清洁、固体物质的腐烂、风力堆积和冲刷等。为了使用该性能，建模时需要确定持续性的固体物质积累和移除速率，并且为模型提供已定义的固体物质移除和不透水地面出流量之间的经验关系（Tech and Center，2009；Tech and Center，2017）。

图 2-3　LSPC 模型中 IMPLND 模块的结构

RCHRES 模块可模拟在一系列封闭或开放的河流河段或者是一个完全的混合湖中发生的过程，模拟过程主要包括水力运动，决定水温的热平衡过程，无机沉积物颗粒的沉积、冲刷和运移，化学分离、水解、挥发、氧化、生物降解、腐烂、明显的化学/代谢物转化，DO 和 BOD 平衡，无机氮和无机磷的平衡，浮游生物数量，pH 与二氧化碳，无机碳总量和碱度，如图 2-4 所示（Tech and Center，2009；Tech and Center，2017）。

---

① 1 ft（英尺）≈0.304 8 m。

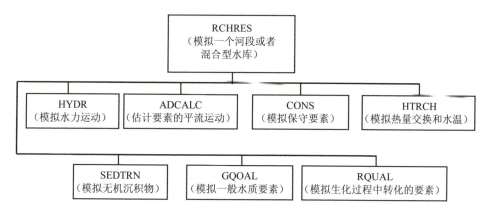

图 2-4　LSPC 模型中 RCHRES 模块的结构

2.2.3　特征模块开发

受经济社会发展的影响，自然流域的产—汇—流关系被人为改变，有必要开发相应的特征模块。特征模块有壤中流/地下水污染物浓度动态模拟模块、人造"三面光"河道模块、农业大棚模拟模块等。

1. 壤中流或地下水污染物浓度动态模拟模块

现有的 LSPC 模型中，壤中流或地下水部分的污染物浓度被设定为恒定值，或是根据用户的输入插值得到其浓度值（这种浓度值可被认定为背景值）。但实际上，农田、果园等透水地面在施肥后，污染物随着下渗的水流被带到壤中流和地下水中，从而导致壤中流或地下水中的污染物浓度升高，随后这些污染物又会通过自然降解等过程导致壤中流或地下水中污染物浓度降低。因此，为近似表达以上过程，模拟壤中流或地下水中的污染物浓度变化，假设壤中流或地下水的污染物浓度会受到下渗水所带来的污染物影响，即污染物浓度会随着下渗水量所带来的污染物增加而逐步增加，但不会超过土壤中污染物浓度。因此，在计算壤中流或地下水中污染物浓度变化时，会根据下渗到壤中流的水量以及壤中流的污染物浓度与土壤中污染物浓度差异来计算，同时采用一阶降解的方式表达污染物量减少的过程。

2. 人造"三面光"河道模块

该模块的开发是为了更准确地表达"三面光"河道（河底和两岸护坡由水泥硬化）与自然河道的区别。完全"三面光"的河道会阻隔壤中流或地下水进入河道中的过程，在 LSPC 模型里，可增加参数用于指定壤中流或地下水进入河道的比例，实现对"三面光"程度的刻画。例如，若用 ifwo_perc=1、agwo_perc=1 表示原始的自然河道，即 100%的壤中流或地下水可进入河道；ifwo_perc=0、agwo_perc=0 表示完全"三面光"河道，即壤中流或地下水都无法进入河道。ifwo_perc、agwo_perc 可根据实际情况优化设置为 0~1 的值。

3. 农业大棚模拟模块

农田地区的降雨被周边可能的植被或者大棚截流，只有少部分的水会直接降落到土壤上，同时大棚与大棚之间通常会有间隙，因此会有部分雨水直接降落到地上，继而发生透水地面的一系列过程。为更准确地表达农田中大棚种植方式上发生的不同于一般透水地面的过程，开发设计新的计算公式如下：

（1）大棚周边的植被截流过程

$$TF = precip + snow - ISc \tag{2-2}$$

（2）大棚上的截/产流过程

$$Q_p = TF(1 - sub\_perc) + sursdp \tag{2-3}$$

式中，TF 为穿过植被的降雨/雪（in[①]）；precip 为降水量（in）；snow 为降雪量（in）；ISc 为截流潜力（in）；Q_p 为潜在净流量（in）；sub_perc 为非大棚用地占比；sursdp 为大棚上的水深（in）。

2.3 湖泊三维水动力-水质-藻类模拟

2.3.1 模型选择

水动力-水质模型的主要目的在于建立湖泊水质与陆域入流间的定量响应关

[①] 1 in（英寸）≈0.025 4 m。

系，评估分析河道对湖体水质的水质贡献，分析重点河道的污染物削减要求。为满足高时空分辨率和富营养化机理过程模拟的要求，目前可选择的常用机理模型有 EFDC、CE-QUAL-W2、Delft3D、WASP、MIKE3、RMA-10、AQUATOX、CAEDYM、ERSEM 和 MOHID 等，这些模型的基本方程形式如下：

$$\frac{\partial C}{\partial t} = -U\frac{\partial C}{\partial x} + \frac{\partial}{\partial x}\left(D\frac{\partial C}{\partial x}\right) + S + R + Q \qquad (2\text{-}4)$$

式中，C 为状态变量浓度；x 为空间位置；t 为时间；U 为迁移速率系数；D 为扩散系数；S 为源汇的沉降和释放；R 为生化反应量；Q 为流入流出量。但各种复杂模型会根据研究目的、时空模拟精度和数据可获取性对机理过程做不同的假设和预处理。

表 2-2 收集整理了水动力-水质-水生态常用模型的主要特征、适用水体、主要优缺点及研究文献。随着对富营养化机理认识的加深，通过复杂机理模型的构建可以更好地服务于制定富营养化治理决策，在未来的精细化管控领域其将作为持续的研究热点（Le Moal et al.，2019）。

表 2-2 水动力-水质-水生态常用模型

模型	维度	可获取性	状态变量	适用水体	主要优点	不足	参考文献
AQUATOX	二维	公开	藻类、生物富集因子、BOD、生物质、叶绿素 a、DO、鱼、无脊椎动物、营养成分、浮游植物、水生植物、有毒物质	河口、湖泊、水库、河流	结构灵活；考虑大型植物生长死亡与沉降过程；考虑沉积模块	未考虑无机物；不能模拟重金属	Rashleigh，2003；Park et al.，2008
CAEDYM	一维	公开	BOD、DO、鱼、无脊椎动物、金属、营养成分、有机碳、悬浮固体、浮游动物	近海海域、河口、湖泊、水库、河流、湿地	模型灵活；模拟浮游动物对浮游植物的捕食	未考虑重金属、有毒物质和沉积物模块	Trolle et al.，2008；Cui et al.，2016
CE-QUAL-W2	二维	公开	藻类、营养成分、碎屑、DO、金属、有机碳、水生植被、浮游动物	河口、湖泊、水库	模拟底层与沉积物交互	对细菌解释不足	Thackston et al.，1994；Cerco and Noel，2013

模型	维度	可获取性	状态变量	适用水体	主要优点	不足	参考文献
Delft3D	三维	公开	水位、藻类、底栖物质循环、碎屑、DO、营养成分、浮游植物、浮游动物	河口、湖泊、水库	对物理、化学生物过程表达很细致；时间精度高；模型结构灵活	没有微生物循环和复杂的藻类动力学；对潮汐过程模拟不足	Los et al., 2014；Niu et al., 2016
EFDC	三维	公开	水位、温度、藻类、细菌、碳、COD、DO、金属、营养成分、水生植被、有毒物质、总悬浮固体	近海海域、河口、湖泊、水库、河流、湿地	包含重金属、有毒物质、沉积物模块；结构灵活	没有浮游动物；基础数据要求高	Wu and Xu, 2011；Zhao et al., 2013；Zhang and You, 2017
MIKE3	三维	商业	藻类、叶绿素a、碎屑、DO、营养成分、浮游植物、浮游动物	近海海域、河口、湖泊、水库、河流、湿地	对大型水体的模拟精度高	藻类暴发很难解释；没有反硝化；没有比浮游动物更高的营养级	Lessin and Raudsepp, 2007；Wang et al., 2016a
MOHID	三维	公开	藻类、细菌、DO、营养成分、有机物、浮游植物、浮游动物	海洋、河口、湖泊、水库、河流	灵活模拟非自养菌	未对重金属和营养盐建立关联	Saraiva et al., 2007；Malhadas et al., 2014
WASP	三维	公开	藻类、BOD、叶绿素a、DO、营养成分、浮游植物	近海海域、河口、湖泊、水库、河流、湿地	结构灵活；包含沉积物模块	不能解决混合层计算；沉积物模块过于简化；会发生数值弥散	Yang et al., 2010；Zhang and Rao, 2012
RMA-10	三维	公开	水位、温度、盐度、悬浮物质、重金属	海洋、河口、湖泊、水库、河流	对水动力模拟较好；模型灵活	包含的污染物成分不多；水生态过程表达有限	Rakha et al., 2007；Fossati and Piedra-Cueva, 2008

注：改自 Le Moal 等（2019）。

对比发现，较适合湖泊尺度的富营养化机理模型是 EFDC。它既包含对水动力的稳定计算，又能扩展到水质和藻类的动态模拟，并且源代码开源，易于二次研发。本研究采用的核心计算平台便是基于 EFDC 框架开发的三维水质-水动力模拟系统软件 IWIND-LR。IWIND-LR 具备以下优势：

（1）应用广泛。底层框架 EFDC 是用于模拟湖泊、水库、海湾、湿地和河口等的地表水数值的模型框架，目前在河流、湖泊、河口、港湾以及湿地等水环境系统中已经有很多成功的应用实例。在美国国家环境保护局（US EPA）发布的标准 EFDC 基础上，IWIND-LR 研发了通用水质模拟模块，可以模拟多种水质污染物的降解或沉降动力学过程以及污染物转化动力学过程，此外还可以进行底泥内源参数表达。

（2）水动力与水质、水生态耦合。IWIND-LR 的水动力与水质、水生态模块耦合在一个系统内，水动力模块经模拟计算提供流场和温度场；水质模块利用边界条件和水动力模块提供的流场和温度场计算水体水质的时空分布。水质模拟计算的时间步长与水动力模型一致，形成紧密的内部耦合计算系统。

（3）问题导向能力。IWIND-LR 拥有强大的模型前处理和后处理功能，在模拟过程中可以实时显示模拟结果，便于模型从构建、校准到应用的全过程。

（4）计算步长与输出灵活设置。IWIND-LR 软件具有简洁操作界面，模型的水动力计算时间步长根据计算稳定性确定，一般为秒到分钟的范围之内；输出结果的频率则可由使用者指定，一般为小时到天。

2.3.2 模型原理

1. 水动力模块

对于水体水质模拟而言，由于需要了解并预测环境中流体的流动过程以及流体中溶解、悬浮物质在三维空间的迁移、混合过程，因此需要定量描述研究水体的环境流体动力学特征（Ji et al., 2002）。这些流体在垂直方向上具有本质的流体静力学特征，同时具有边界层特征。只有对运动方程组与迁移方程组（用来描述溶解、悬浮物质的迁移、混合过程）求数值解才能对这些流体进行实际模拟。

环境流体（具有水平尺度特征，且水平比垂向有更大的尺度值）控制方程组采用不可压缩、密度可变流体的湍流运动方程组这一形式，且在垂直方向上具备流体静力学和边界层特征。为更加符合现实的水平边界特征，在此引入水平的曲线正交坐标系对方程组进行转换。同时，为了在垂直方向或重力矢量方向实现均匀的以水底地形和自由表面为边界的分层，需要对垂直坐标进行拉伸变换（Ji et al.，2002）：

$$z = (z^* + h)/(\zeta + h) \tag{2-5}$$

式中，z^* 为最初的物理纵坐标；h 和 ζ 为水底地形与自由表面在物理坐标系中的纵坐标。

对湍流运动方程组（具有垂向流体静力学的边界层）进行变换，同时对可变密度取布辛涅斯克近似（Boussinesq approximation），可以导出动量与连续性方程组以及盐度、温度的迁移方程组。这些方程如下：

$$\partial_t(mHu) + \partial_x(m_y Huu) + \partial_y(m_x Hvu) + \partial_z(mwu) - (mf + v\partial_x m_y - u\partial_y m_x)Hv = -m_y H \partial_x(g\zeta + p) - m_y(\partial_x h - z\partial_x H)\partial_z p + \partial_z(mH^{-1}A_v \partial_z u) + Q_u \tag{2-6}$$

$$\partial_t(mHv) + \partial_x(m_y Huv) + \partial_y(m_x Hvv) + \partial_z(mwv) + (mf + v\partial_x m_y - u\partial_y m_x)Hu = -m_x H \partial_y(g\zeta + p) - m_x(\partial_y h - z\partial_y H)\partial_z p + \partial_z(mH^{-1}A_v \partial_z v) + Q_v \tag{2-7}$$

$$\partial_z p = -gH(\rho - \rho_0)\rho_0^{-1} = -gHb \tag{2-8}$$

$$\partial_t(m\zeta) + \partial_x(m_y Hu) + \partial_y(m_x Hv) + \partial_z(mw) = 0 \tag{2-9}$$

$$\partial_t(m\zeta) + \partial_x\left(m_y H \int_0^1 u\,\mathrm{d}z\right) + \partial_y\left(m_x H \int_0^1 v\,\mathrm{d}z\right) = 0 \tag{2-10}$$

$$\rho = \rho(p, S, T) \tag{2-11}$$

$$\partial_t(mHS) + \partial_x(m_y HuS) + \partial_y(m_x HvS) + \partial_z(mwS) = \partial_z(mH^{-1}A_b \partial_z S) + Q_S$$

$$\partial_t(mHT) + \partial_x(m_y HuT) + \partial_y(m_x HvT) + \partial_z(mwT) = \partial_z(mH^{-1}A_b\partial_z T) + Q_T$$
(2-13)

式中，∂为模拟变量的偏微分形式；u、v 为在曲线正交坐标系中水平速度沿 x、y 方向的分量；m_x、m_y 为度量张量沿对角线方向的分量的平方根值。$m = m_x \cdot m_y$ 构成了雅克比行列式或是由度量张量的平方根值所形成的行列式。在经过拉伸的、无量纲的纵轴上，用 w 表示垂向速度。w 与物理垂向速度之间的关系表示如下（Ji et al.，2002）：

$$w = w^* - z(\partial_t\zeta + um_x^{-1}\partial_x\zeta + vm_y^{-1}\partial_y\zeta) + (l-z)(um_x^{-1}\partial_x h + vm_y^{-1}\partial_y h) \quad (2\text{-}14)$$

总深度（H，$H = \zeta + h$）表示相对于物理垂向坐标原点（用 $z^* = 0$ 来表示）水底位移与自由表面位移的总和。压强（p）代表实际压强减去参考密度所形成的流体静力学压强 $[\rho_0 gH(l-z)]$ 之后，再除以参考密度（ρ_0）所形成的物理量。在动量方程组中，f 是科氏力参数，A_v 指垂向湍流或称涡流黏度，Q_u 与 Q_v 是动量源、汇项，将以亚网格尺度的水平扩散模型表达。对于液态流体来讲，密度（ρ）是温度（T）和盐度（S）的函数。浮力（b）是密度相对于参考值的差异进行归一化后所得到的数值。对连续性方程式在 z 方向上从 0 到 1 积分即可得到对深度积分的连续性方程式，此积分的垂向边界条件为 [$w=0$，$z \in (0, 1)$]。在盐度与温度迁移方程组中，源、汇项 Q_s 与 Q_T 包含了亚网格尺度的水平扩散过程以及热源、汇等，而 A_b 则代表垂向湍流扩散率。值得注意的是，如果将自由表面位置固定，则整个方程组就等价于刚性表面海洋环流的方程组，这与 Clark 用来模拟中尺度气态流体运动过程的地形跟踪方程组相似。

当垂向湍流黏度与扩散率以及源、汇项等已知时，构成了以 u、v、w、p、ζ、ρ、S、T 8 个变量为未知数的方程组。为了求解垂向湍流黏度与扩散系数，需要运用 2.5 阶矩湍流闭合模型（Ji et al.，2002）。该模型使得垂向湍流黏度和扩散率与湍流强度（q）、湍流长度尺度（l），以及理查德森数（R_q）形成如下的关系方程组：

$$A_v = \phi_v ql = 0.4\left(l + 36R_q\right)^{-1}\left(l + 6R_q\right)^{-1}\left(l + 8R_q\right)^{-1}ql \quad (2\text{-}15)$$

$$A_b = \phi_b ql = 0.5\left(l + 36R_q\right)^{-1}ql \quad (2\text{-}16)$$

$$R_q = \frac{gH\partial_z b}{q^2}\frac{l^2}{H^2} \quad (2\text{-}17)$$

式中，稳定函数ϕ_v与ϕ_b分别用来描述垂向混合与迁移过程的弱化和强化因子（特指分别存在于稳定与不稳定垂向密度分层的环境中）。通过求解如下的一对迁移方程式求解湍流强度与湍流长度尺度：

$$\partial_t\left(mHq^2\right) + \partial_x\left(m_y Huq^2\right) + \partial_y\left(m_x Hvq^2\right) + \partial_z\left(mwq^2\right) = \partial_z\left(mH^{-1}A_q\partial_z q^2\right) + Q_q +$$
$$2mH^{-1}A_v\left[\left(\partial_z u\right)^2 + \left(\partial_z v\right)^2\right] + 2mgA_b\partial_z b - 2mH\left(B_1 l\right)^{-1}q^3$$

$$(2\text{-}18)$$

$$\partial_t\left(mHq^2 l\right) + \partial_x\left(m_y Huq^2 l\right) + \partial_y\left(m_x Hvq^2 l\right) + \partial_z\left(mwq^2 l\right) = \partial_z\left(mH^{-1}A_q\partial_z q^2 l\right) + Q_l +$$
$$mH^{-1}E_1 lA_v\left[\left(\partial_z u\right)^2 + \left(\partial_z v\right)^2\right] + mgE_1 E_3 lA_b\partial_z b - mHB_1^{-1}q^3\left[l + E_2(\kappa L)^{-2}l^2\right]$$

$$(2\text{-}19)$$

$$L^{-1} = H^{-1}\left[z^{-1} + (l-z)^{-1}\right] \quad (2\text{-}20)$$

式中，κ为Von Karman常数；B_1、E_1、E_2、E_3为经验常数；Q_q与Q_l为用来描述诸如亚网格尺度的水平扩散过程的附加源、汇项。一般地，垂向扩散率（A_q），与垂向湍流黏度（A_v）相等。

2. 藻类模块

藻类能够利用阳光、二氧化碳和营养物质合成新的有机物质，通过营养物质的吸收和藻类的死亡影响氮循环、磷循环、溶解氧平衡和食物链，在富营养化过程中扮演关键角色。总藻类生物量通常用易于监测的叶绿素 a 来表示。在水体中，影响藻类生物量的过程主要包括藻类生长、新陈代谢、被捕食、沉降、外源输入或输出，随时间变化的方程是

$$\frac{\partial B_x}{\partial t} = (P_x - BM_x - PR_x)B_x + \frac{\partial}{\partial z}(WS_x \cdot B_x) + \frac{WB_x}{V} \quad (2\text{-}21)$$

式中，B_x 为藻类群 x 的藻类生物量（以碳计）（mg/L）；t 为时间（d）；P_x 为藻类群 x 的生产速率（d^{-1}）；BM_x 为藻类群 x 的基础新陈代谢速率（d^{-1}）；PR_x 为藻类群 x 的被捕食速率（d^{-1}）；WS_x 为藻类群 x 的沉降速率（m/d）；WB_x 为藻类群 x 的外部负荷（以碳计）（g/d）；V 为体积（m^3）；下标 x 为 c（蓝藻）、d（硅藻）、g（绿藻）。生长、代谢等过程内部参数可进一步细化。

3. 水质模块

IWIND-LR 可模拟 C、N、P 等 20 多种水质指标的动态变化，这些过程的控制方程都具有相似的形式：

$$\frac{\partial C}{\partial t} + \frac{\partial (uC)}{\partial x} + \frac{\partial (vC)}{\partial y} + \frac{\partial (wC)}{\partial z} = \frac{\partial}{\partial x}\left(K_x \frac{\partial C}{\partial x}\right) + \frac{\partial}{\partial y}\left(K_y \frac{\partial C}{\partial y}\right) + \frac{\partial}{\partial z}\left(K_z \frac{\partial C}{\partial z}\right) + S_c \quad (2\text{-}22)$$

式中，C 为水质状态变量浓度；u、v、w 为 x、y、z 方向的速度矢量；K_x、K_y、K_z 为 x、y、z 方向的湍流扩散系数；S_c 为每单位体积内部和外部的源和汇。

以磷循环为例，水体中磷以有机和无机两种形态存在，TP 可以分为难溶颗粒有机磷（RPOP）、活性颗粒有机磷（LPOP）、溶解有机磷（DOP）、总磷酸盐（PO_4t）。颗粒有机磷受藻类基础新陈代谢、藻类捕食、POP 水解、沉降、外部来源因素影响，RPOP 和 LPOP 的动力方程为

$$\frac{\partial \text{RPOP}}{\partial t} = \sum_{x=c,d,s}(FPR_x \cdot BM_x + FPRP \cdot PR_x)APC \cdot B_x - K_{\text{RPOP}} \cdot \text{RPOP} + \frac{\partial}{\partial z}(WS_{RP} \cdot \text{RPOP}) + \frac{\text{WRPOP}}{V} \quad (2\text{-}23)$$

$$\frac{\partial \text{LPOP}}{\partial t} = \sum_{x=c,d,g}(FPL_x \cdot BM_x + FPLP \cdot PR_x)APC \cdot B_x - K_{\text{LPOP}} \cdot \text{LPOP} + \frac{\partial}{\partial z}(WS_{LP} \cdot \text{LPOP}) + \frac{\text{WLPOP}}{V} \quad (2\text{-}24)$$

式中，FPR_x 为藻类群 x 生产的新陈代谢的磷作为难溶颗粒有机磷的部分；FPL_x 为

藻类群 x 生产的新陈代谢的磷作为活性颗粒有机磷的部分；FPRP 为被捕食的磷中所生成的难溶性颗粒有机磷部分；FPLP 为被捕食的磷中所生成的活性颗粒有机磷部分；APC 为所有藻类群的平均磷对碳的比例（g/g）；K_{RPOP} 为难溶性颗粒有机磷的水解率（d^{-1}）；K_{LPOP} 为活性颗粒有机磷的水解率（d^{-1}）；WRPOP 为难溶性颗粒有机磷外部负荷量（以磷计，g/d）；WLPOP 为活性颗粒有机磷外部负荷量（以磷计，g/d）。

DOP 受藻类新陈代谢、藻类捕食、POP 水解、矿化、外部来源因素影响，动力学方程为

$$\frac{\partial \mathrm{DOP}}{\partial t} = \sum_{x=c,d,g}\left(\mathrm{FPD}_x \cdot \mathrm{BM}_x + \mathrm{FPDP} \cdot \mathrm{PR}_x\right) APC \cdot B_x + \\ K_{\mathrm{RPOP}} \cdot \mathrm{RPOP} + K_{\mathrm{LPOP}} \cdot \mathrm{LPOP} - K_{\mathrm{DOP}} \cdot \mathrm{DOP} + \frac{\mathrm{WDOP}}{V}$$

（2-25）

式中，FPD_x 为藻类群 x 代谢的磷中所生成的溶解性有机磷部分；FPDP 为被捕食的磷中所生成的溶解性有机磷部分；K_{DOP} 为溶解性有机磷的矿化速率（d^{-1}）；WDOP 为溶解性有机磷的外部负荷（以磷计，g/d）。

PO_4t 的动力学方程是

$$\frac{\partial \mathrm{PO_4t}}{\partial t} = \sum_{x=c,d,g}\left(\mathrm{FPI}_x \cdot \mathrm{BM}_x + \mathrm{FPIP} \cdot \mathrm{PR}_x - P_x\right) APC \cdot B_x + K_{\mathrm{DOP}} \cdot DOP + \\ \frac{\partial}{\partial z}\left(\mathrm{WS_{TSS}} \cdot \mathrm{PO_4p}\right) + \frac{\mathrm{BFPO_4d}}{\Delta z} + \frac{\mathrm{WPO_4t}}{V}$$

（2-26）

式中，FPI_x 为藻类群 x 新陈代谢生成的无机磷部分；FPIP 为被捕食的磷中生成的无机磷部分；$\mathrm{WS_{TSS}}$ 为总悬浮泥沙的沉降速率（m/d）；$\mathrm{BFPO_4d}$ 为泥沙-水体磷酸盐交换通量[以磷计，g/($m^2 \cdot d$)]，只应用于底层；$\mathrm{WPO_4t}$ 为总磷酸盐外部负荷量（以磷计，g/d）。

PO_4t 包括溶解态磷酸盐（PO_4d）和颗粒态磷酸盐（PO_4p），可按照一定比例进行分配，获得 PO_4d 和 PO_4p：

$$\mathrm{PO_4d} = \frac{1}{1 + K_{\mathrm{PO_4p}} \cdot S}\mathrm{PO_4t}$$

（2-27）

$$\mathrm{PO_4p} = \frac{K_{\mathrm{PO_4p}} \cdot S}{1 + K_{\mathrm{PO_4p}} \cdot S} \mathrm{PO_4t} \tag{2-28}$$

式中，$K_{\mathrm{PO_4p}}$ 为磷酸盐分配系数（m³/g）；S 为沉积物质量浓度（g/m³）。

2.3.3 营养盐通量核算

1. 氮、磷存量核算

全湖氮磷营养盐各组分的存量计算模块是通过与三维水质模型方程耦合，并与水动力-水质模型采用相同离散化分辨率进行数值积分得到的。各组分存量考虑水质组分的时空分异性，各相关状态变量的存量通过对全湖所有网格在 x、y、z 三个方向上进行积分获取：

$$M(i,t) = \iiint c(i) \mathrm{d}x \mathrm{d}y \mathrm{d}z \tag{2-29}$$

式中，M 为 i 组分的存量（mg）；c 为湖体中 i 组分的质量浓度（mg/m³）。

氮元素各组分存量考虑：藻类活体氮存量（algaeN，kg）、颗粒有机氮存量（PON，kg）、溶解态有机氮存量（DON，kg）、氨氮存量（NH₃-N，kg）、硝酸盐存量（NO₃⁻-N，kg）；磷元素各组分存量考虑：藻类活体磷存量（algaeP，kg）、颗粒有机磷存量（POP，kg）、溶解态有机磷存量（DOP，kg）、总磷酸盐存量（PO₄t，kg）。

2. 氮、磷循环过程通量核算

湖泊氮、磷循环的各个过程通量的计算过程与氮、磷各组分存量相似，但是通量作为过程量有其特殊性。对于水体内发生的过程而言，需在 x、y、z 三个方向上进行积分获取，而对于在底泥-水体界面和大气-水体界面发生的通量而言，只需在 x、y 两个水平方向上进行积分获取。

1) 外源输入及出流

对于流域外源输入和出流而言，其通量需计算每条河流中氮、磷的流入量或流出量，并将之加和作为总的外源输入或流出。其中，流域输入的通量需计算每条入湖河流 k（共 N 条）中 i 组分的负荷，出流的通量需计算每个出湖口 k（共 M 个）的 i 组分的出湖量，如下所示：

$$F_{W(i)} = \sum_{k=1}^{N} Q(t,k) \cdot C(t,k,i) \qquad (2\text{-}30)$$

$$F_{O(i)} = \sum_{k=1}^{M} q(k,t) \cdot c(k,t) \qquad (2\text{-}31)$$

对于大气沉降而言，其通量需计算组分 i 在垂直方向大气-水体界面上的干沉降量和湿沉降量，需对 x、y 水平两个方向上进行积分：

$$F_{AIR(i)} = \iint (D_d + D_w) \mathrm{d}x\mathrm{d}y \qquad (2\text{-}32)$$

对于固氮作用而言，由于藻类存在于模型中的每个网格内，其通量需对固氮速率 x、y、z 三个方向上进行积分：

$$F_{Nfix} = \iiint F_{Nfix} \mathrm{d}x\mathrm{d}y\mathrm{d}z \qquad (2\text{-}33)$$

式中，Q 为流量（m³/s）；C 为入流中 i 组分的质量浓度（mg/L）；D_d 为干沉降（g/m²）；D_w 为湿沉降（g/m²）；q 为出流流量（m³/s）；c 为出流中 i 组分的质量浓度（mg/L）；F_{Nfix} 为湖体固氮速率（g/m³）。

2）湖体内部及水体-底泥界面氮磷循环过程

有机态 N、P 是湖泊内 N、P 循环的重要组成部分，是连接藻类和无机态 N、P 以及湖体内 N、P 再循环的重要节点。有机态 N、P 是藻类新陈代谢产生 N、P 的主要形态，也是无机态 N、P 除外源输入外的一个重要来源。对于颗粒有机态 N 和 P 而言（以 RPOM 和 LPOM 表示），其变化可以表示为"藻类基础新陈代谢+捕食分解－POM 水解－沉降+外部来源"。对于溶解有机态 N 和 P 而言，其变化可表示为"藻类基础新陈代谢+捕食分解+POM 水解－矿化+外部来源"。

NH_3-N、NO_3^--N 和 TPO_4 作为被藻类直接吸收的无机 N、P 形态，其在整个 N、P 循环中所起的作用基本类似。其中，TPO_4 的变化可以表示为"藻类基础新陈代谢+捕食分解－藻类摄取+DOP 矿化+底泥释放+外部来源"；NH_3-N 的变化可表示为"藻类贡献+DON 矿化-硝化作用+NH_3-N 的底部通量+外部来源－藻类摄取"；NO_3^--N 的变化可表示为"硝化作用－反硝化作用+底部 NO_3^--N 通量+外部源－藻类摄取"。

本研究主要关注对湖体 N、P 存量具有显著影响的过程，如前文所述的外源输入与流出过程。而对于湖体内部 N、P 循环过程而言，则选择颗粒氮磷沉降、再悬浮、底泥释放和反硝化等过程来核算 N、P 通量。

颗粒沉降通量包括两部分，即 POP 和 PON 以及 N、P 通过藻类进行的沉降。对于 POP 和 PON（以 POM 表示）而言，需计算其在水体中垂直方向上的沉降量，对 x、y 水平两个方向上进行积分。对于 N、P 通过藻类进行沉降这一过程而言，需计算藻类在水体中垂直方向的沉降量，并按照藻类体内 N：P 分别计算通过藻类沉降的 N 或 P。N、P 沉降通量计算方程如下：

$$F_{\text{Set(POM)}} = \iint F_s(\text{POM}) \mathrm{d}x \mathrm{d}y \tag{2-34}$$

$$F_{\text{Set(Algae)}} = \iint F_s(\text{Algae}) \mathrm{d}x \mathrm{d}y \tag{2-35}$$

式中，F_s(POM)为颗粒态 N 或 P 的沉降速率；F_s(Algae)为藻类的沉降速率。

反硝化是通过反硝化细菌把 DOC 氧化并同时把 NO_3^--N 还原为 NO_2^--N，并最终还原为氮气的过程，所以反硝化速率（Denit）与有氧呼吸速率、异养呼吸速率以及 NO_3^--N 有关，方程如式（2-36）所示。由于反硝化作用发生在水体中，故反硝化的通量需对反硝化速率在 x、y、z 三个方向上进行积分，方程如式（2-37）所示。

$$\text{Denit} = \frac{\text{KHOR}_{\text{DO}}}{\text{KHOR}_{\text{DO}} + \text{DO}} \frac{\text{NO}_3}{\text{KHDN}_\text{N} + \text{NO}_3} \text{AANOX} \cdot K_{\text{DOC}} \tag{2-36}$$

$$F_{\text{Den}} = \iiint \frac{\text{KHOR}_{\text{DO}}}{\text{KHOR}_{\text{DO}} + \text{DO}} \frac{\text{NO}_3}{\text{KHDN}_\text{N} + \text{NO}_3} \text{AANOX} \cdot K_{\text{DOC}} \cdot \mathrm{d}x \mathrm{d}y \mathrm{d}z \tag{2-37}$$

式中，KHOR_{DO} 为 DO 的有氧呼吸半饱和常数（以氧计，g/m³）；KHDN_N 为 NO_3^--N 反硝化半饱和常数（以氮计，g/m³）；AANOX 为反硝化速率与好氧溶解有机碳呼吸率的比例；K_{DOC} 为 DOC 的异养呼吸速率（d^{-1}）。

N、P 的底泥交换过程在底泥模块中根据 Fick 定律表示为式（2-38）。对于表面质量传递系数（s）而言，受底泥需氧量（SOD）影响，可表示为式（2-39）。由于 N、P 的底泥交换发生在水体-底泥界面，故对于组分 i（NH_3-N、NO_3^--N 或 TPO_4）而言，底泥交换过程通量需对 x、y 水平两个方向上进行积分，可表示为式（2-40）。

$$\text{Ben}(i) = s(i) \cdot (C_1 - C_0) \tag{2-38}$$

$$s(i) = D_1(i)/H_1 \tag{2-39}$$

$$F_{\text{Ben}(i)} = \iint \frac{D_1(i)}{H_1}(C_1 - C_0)\mathrm{d}x\mathrm{d}y \tag{2-40}$$

式中，C_1 为表层底泥 i 组分质量浓度（g/m^3）；C_0 为上覆水中 i 组分质量浓度（g/m^3）；$D_1(i)$ 为表层底泥的扩散系数（m^2/d）；H_1 为表层底泥厚度（m）。

2.4 陆域-水域响应关系识别

2.4.1 模型选择

水污染治理和富营养化控制的关键问题，一方面是建立基于机理过程的因果关系和基于输入-输出的响应关系，另一方面是根据响应关系解析出污染源的水质贡献。影响湖泊水质水生态的污染源主要是水平方向的入湖河流输入通量以及垂直方向的大气沉降、底泥沉降与释放。在水污染治理和富营养化控制管理中需要定量化这些污染源的贡献值，尤其是湖泊不同位置的入湖河流的水质贡献，可以直接为污染控制提出针对性方案。

水环境管理中的源解析技术主要分为模型方法和同位素标记法。利用碳、氮等同位素标记法只对特定污染物，如硝酸盐和有机污染物的源解析比较有效（Fabbri et al.，2003；Nestler et al.，2011），且无法快速地分析水环境中各种污染的来源，在实际水污染治理和富营养化控制决策中很难应用。所以水环境管理中的源解析方法一般指的是更高效的模型方法，常用的有 3 类：基于物质平衡的源解析技术、基于统计模型的源解析技术、基于数值模型的源解析技术。

1. 基于物质平衡的源解析技术

此类方法最具有代表性的是化学质量平衡法（CMB）（Watson et al.，2001）。CMB 方法是根据质量守恒原理，假设不同类型的污染物之间没有反应，而且传输过程中没有污染物质的消除和形成，那么水体中的污染物质就是各个污染源贡献的线性总和。目前化学质量平衡法研究集中在沉积物中有机污染物的源解析,其中又以多环芳烃的源解析为主(Li et al., 2003；Christensen and Bzdusek, 2005)。有研究结合化学质量平衡和正定矩阵分解(PMF)追溯合流制溢流污染中流量、BOD、COD、氨氮和重金属的来源(Soonthornnonda and Christensen, 2008),发现生活污水的溢流量较小,但是污染物尤其是氨氮的贡献值较高。但在实际决策应用中,CMB 的假设过于严格,并且不能对排放源时间上的差异进行鉴别,难以表征每个污染源对水体中每种污染物的贡献率,只能得到每个污染源对水体污染物的综合贡献率(Xu et al., 2016)。

此外,成分和比值分析以及逸度模型也在源解析中得到应用。成分和比值分析是根据某些污染物产生过程的差异性,将其进入环境的途径进行分类,每种途径都有一种特有的成分和比值,据此来判断污染物的来源,但是这种方法目前也只能分析特定的污染物。逸度模型主要依据的是污染物的理化性质,但是不能应用在非均相和非线性的环境系统中(Hu et al., 2017)。综合来看,这类方法目前的使用范围集中在部分特定的有机污染物,其基本假设在较为复杂的案例中难以成立,并且解析的时间和空间尺度都相对有限,不能考虑到不同污染源排放的时间差异性以及水体的空间差异性。

2. 基于统计模型的源解析技术

统计模型源解析技术的基本思路是利用观测数据中物质间的相关关系构建回归关系,计算统计量的值并解析得到污染源成分的占比,主要包括因子分析法(Hu et al., 2017)、多元线性回归(Cai et al., 2017)、主成分分析(Tariq et al., 2006)等,其中因子分析法最具代表性。因子分析法是通过多个指标相关矩阵的内部关系,寻找控制所有变量的公因子,即进行维数的降低,通过构建相互正交的线性映射来表示与原始变量之间的联系。由于多元统计模型简单快速而且适用于监测数据较少的分析,所以得到广泛应用。20 世纪 90 年代初期,该方法被应用到水环境污染物解析中(Rauret et al., 1990),此后相关研究逐渐增多(Pekey et al., 2004；Singh et al., 2005)。李发荣等(2013)对牛栏江流域污染源进行了解析,明确流域内总氮和氨氮的主要来源；Zhang 等(2009)利用主成分分析获取了大辽河流域水污染物氨氮和重金属汞的源解析结果。此外,在诸多研究中也会采用多种统计模型联用的方法,赵海萍等(2016)利用聚类分析、判别分析、主成分分析和因子分析方法,研究了渤海湾近岸海域表层水质时空变化特征及潜在污染源。

基于统计模型的源解析技术有几个基本假设,其中重要的是污染物的组成在源到受体间没有产生显著的变化,单种污染物的通量变化与浓度成比例等(Bzdusek et al., 2004)。与基于物质平衡的源解析技术类似,该技术适用能力有限,当排放源种类比较多时难以得到满意的结果,并且当不同源的时间序列稳定性差异很大时,也难以取得较好的结果。对于统计模型而言,无法遵从质量守恒原理,时间的解析分辨率有限,缺乏机理上的支持,往往外推预测能力较差。

3. 基于数值模型的源解析技术

在水环境模拟中,数值模型正发挥着越来越重要的作用,同时基于数值模型的源解析研究也逐步增加(Cooper et al., 2014)。基于数值模型的源解析理论上完全遵循质量守恒定理,而且可以有较高的时空解析分辨率。国内研究大多使用较为简单的数值计算模型或与上述其他方法进行联用(王在峰等,2015),但真正具有实际管理意义的数值源解析是根据水环境管理目标而采用合理的机理模型。例如,有研究基于流域分布式水文模型 SWAT 解析气候变化对水体氮磷、沉积物等的贡献,发现在多种气候变化模式下,氮磷总量和沉积物没有显著变化,但是营养盐中溶解部分的比例在明显上升(Ahmadi et al., 2014)。

一般而言,数值源解析的方法会采用灵敏度分析的方法或者与统计模型、机器学习等算法耦合。但是由于数值模型本身计算量比较大,加上多次重复运行数值模型才能达到源解析的目的,所以数值源解析一直受到计算量的困扰。在实际管理中,污染控制决策需要重点关注流域点源和非点源污染负荷对于湖泊水质的时空贡献,但要解析多个污染源对湖泊水质的时空贡献,在可行性和计算成本方面,很难满足管理要求。面对这种水环境管理的实际需求和计算复杂性方面的矛盾,迫切需要研发高效而可靠的数值源解析技术。

由于污染物在进入水体后会随着水的流动与扩散进行迁移,并且会进行降解或沉降等反应,因此一个具体的污染源对于水体中任意位置的水质贡献值并不单纯依赖于该污染源的负荷，同时还会受到距离、流场、污染源流量、气象变化以及湖泊生态结构的影响，源贡献值也表现出非线性和时空异质性等特征。基于模型实现源解析的传统办法是扰动法（Ji et al.，2002），但其面临效率低下、过程烦琐和非线性条件下容易出错的局限。我们在前期的研究中，开发了以三维水质-水动力模型 EFDC 为计算内核的直接源解析技术（邹锐等，2018），可以获取任何时刻污染源对水体任意站点的水质贡献值。

直接源解析的关键是将水质模型方程对污染负荷二次微分，形成新的微分方程再求解，将原来的一个微分方程变成几十个、上百个微分方程，然后和水动力模型联立，获取源解析系数。该方法可直接计算每个源对每个时空点水质的贡献，是污染源-水质的高效直接输入响应技术，只需要通过一次模拟，就能获取所有源在水体中任何时空点的贡献大小。直接源解析技术与一般源解析技术相比，一方面，直接源解析技术是基于数值模型和物理机理以及强时空分辨率的特点；另一方面，直接源解析运行一次模拟就可以得到所有水体点位任何时间的污染源贡献情况，避免了数值源解析普遍存在的多次重复运行的问题。有研究应用直接源解析技术对中国八里湖的 20 条入流源进行了解析（Bai et al.，2018），发现水体不同污染源对于不同水域的贡献具有显著的时空异质性，这为流域污染负荷削减方案的优化提供了直接且高效的信息支撑。但目前这种直接源解析技术主要针对水质较好、富营养化程度轻的湖泊，在富营养化水体中，这种基于机理模型的数值源解析思路将受到极大挑战。一方面，富营养化水体的水质-水生态过程比清洁水体更复杂，对水质-水生态方程的改进难度急剧增加，源解析的计算时间也进一步加长；另一方面，浮游植物、浮游动物和鱼类等生物自身存在吸收营养物以及生长和死亡分解、释放等过程，在源解析时就相当于存在随时空变化的内部污染源/汇，导致数值源解析的结果偏大或者偏小。因此，直接将数值源解析思路用于富营养化湖泊的水质与水生态模型的源解析还面临较大的挑战。

综上所述，物质平衡、统计模型和数值模型源解析方法对比见表 2-3。

表 2-3 水体污染源解析方法对比与应用

类别	物质平衡	统计模型	数值模型
方法	化学质量平衡 正定矩阵因子分解 成分比值法 逸度模型等	因子分析法 多元线性回归 主成分分析等	Streeter-Phelps SWAT EFDC 等
基本假设	源类型差异显著 质量不损失 存在形式不变化	存在形式不变化 通量与浓度成正比	质量守恒定理 能量守恒定理
适用对象	持久性有机物 重金属	持久性有机物 重金属	COD、BOD、TN、TP、氨氮、重金属、有机物
优势	数据输入少 解析快速	数据输入少 解析快速	时空分辨率高 考虑系统非线性、时滞性和异质性
不足	假设难以成立 适用污染物有限 不适用非均相和非线性问题	非直接解析 假设难以成立 适用污染物有限 不遵从质量守恒	计算成本高 富营养化水体解析困难
应用案例	Watson and Chow，2001；Christensen et al.，2005；Hu et al.，2017	Singh et al.，2005；Zhang et al.，2009；赵海萍等，2016	Ahmadi et al.，2014a；邹锐等，2018；Bai et al.，2018

综上，精准和经济的流域调控决策是湖泊治理的根本，而决定其成效的关键是量化流域-湖泊的非线性响应关系并纳入流域优化模型中。国际上对此开展了大量的水质模型和优化模型耦合研究，但仍然面临"瓶颈"：①将水质模型近似转换成较为简单的替代模型，水质与各污染源间存在的逐一对应的非线性响应关系被忽略；②与国外相比，我国的流域污染特点是点源种类复杂，分布密集，产生面源的单个地块面积较小、数量众多，且正面临着日益增多的更为复杂的流域精准调控决策需求，亟须高效、高分辨率的系统不确定性优化新技术。而本研究借助最前沿的数值解析模型，可获取复杂的湖泊系统中单个入流对水质的贡献程度。

2.4.2 模型原理

湖泊中各点位的水质不但与外源河流的负荷输入有关,同样也会受到湖泊水体的流动交换与水生藻类的交互作用影响。因此,单纯以陆域河流输入作为权重来解析湖泊断面水质贡献,或简单结合地理空间分布确定影响水平,难以准确衡量不同河流对湖内不同空间位置断面的水质影响。因此,需要借助三维水动力-水质-藻类模型,用数值模拟湖泊水体的水动力过程,从而刻画污染物的迁移转化规律及其与藻类等水生生物的交互作用,弥补传统单方面负荷解析在水动力作用上的缺失。

基于水质模型的数值解析方式有两种:①控制入流情景解析。首先,通过陆域模型模拟获得流域汇入湖泊的全部河流或片区沟渠,整理形成以包含流量和污染物负荷等特征的时间序列数据,进而作为三维水动力-水质-藻类模型的外部输入驱动。其次,对不同河流的输入文件进行修改,对表征河流水质负荷的污染物浓度水平修改下降至零,形成不同负荷梯度的河流输入文件;对表征河水水动力特征的流量等数据,则不做修改。再次,借助算法程序,实现对所有入湖河流的输入文件修改,获得保留河流流量信息且负荷为梯度削减的一系列输入文件,通过大量的随机或人为调整组合,形成完整的外部河流输入。借助三维水动力-水质-藻类模型进行模拟,获得对应情景下的湖泊各断面水质。最后,结合模型模拟结果与河流输入文件的负荷削减情况,通过大量的模型迭代运算模拟,联立并求解外部不同河流输入与不同断面水质的响应方程,获得结合湖泊水动力特征影响下的流域入湖河流对特定湖泊断面的水质影响。这种方法适用于非常复杂(通常含生物过程)的模拟模型的水质贡献源解析。②直接源解析。该方法是以三维水动力-水质模型为基础,通过水质模块控制方程对污染源进行微分求导,将每个水质变量的控制偏微分方程转化为多个偏微分方程,每个偏微分方程对应于一个源解析变量,从而形成一系列源解析状态变量的控制方程系统,并在水动力模型与水质模型的驱动下,求解相应的偏微分方程,从而通过一次模拟,获取所有源在水体中任何时空点的贡献比例。

源解析的第一步,求导初始条件对模拟的水质指标的贡献率。以 $S_I = \dfrac{\partial C}{\partial C_0}$ 代表初始水质浓度对模拟的水质指标在任意时间和空间的贡献率,采用链式规则求积分得到：

$$\frac{\partial}{\partial t}(m_x m_y H S_I) = -\frac{\partial}{\partial x}(m_y H u S_I) - \frac{\partial}{\partial y}(m_x H v S_I) - \frac{\partial}{\partial z}(m_x m_y w S_I) +$$
$$\frac{\partial}{\partial x}\left(\frac{m_y H A_x}{m_x}\frac{\partial S_I}{\partial x}\right) + \frac{\partial}{\partial y}\left(\frac{m_x H A_y}{m_y}\frac{\partial S_I}{\partial y}\right) + \frac{\partial}{\partial z}\left(m_x m_y \frac{A_z}{H}\frac{\partial S_I}{\partial z}\right) + \quad （2\text{-}41）$$
$$m_x m_y W s \frac{\partial S_I}{\partial z} - m_x m_y H K S_I$$

第二步，求外源负荷对模拟的水质指标的贡献率。以 $S_i = \frac{\partial C}{\partial P_i}$ 代表模拟的水质浓度对外源负荷的响应，采用链式规则求微分得到每个源的贡献系数，如下式所示：

$$\frac{\partial}{\partial t}(m_x m_y H S_i) = -\frac{\partial}{\partial x}(m_y H u S_i) - \frac{\partial}{\partial y}(m_x H v S_i) - \frac{\partial}{\partial z}(m_x m_y w S_i) +$$
$$\frac{\partial}{\partial x}\left(\frac{m_y H A_x}{m_x}\frac{\partial S_i}{\partial x}\right) + \frac{\partial}{\partial y}\left(\frac{m_x H A_y}{m_y}\frac{\partial S_i}{\partial y}\right) + \frac{\partial}{\partial z}\left(m_x m_y \frac{A_z}{H}\frac{\partial S_i}{\partial z}\right) + \quad （2\text{-}42）$$
$$m_x m_y W s \frac{\partial S_i}{\partial z} - m_x m_y K S_i + P_i$$

由于参数取值对模拟结果的影响具有显著的时空分异性，模拟得到的参数敏感度系数可能会产生量级上的差异，这将会导致一些模拟中难以进行参数比较。当出现这种情况时，采用参数扰动来代替敏感度将会更为有效。如式（2-43）所示，设置一个参数值为 K，参数扰动为 $r = dk/K$，可以得到：

$$\frac{\partial C}{\partial K} = \frac{\partial C}{K\partial r} = \frac{1}{K}\frac{\partial C}{\partial r} \quad （2\text{-}43）$$

采用 S_I' 和 S_i' 表达初始条件和每个负荷源对水质浓度的贡献，代入公式可以得到：

$$\frac{\partial}{\partial t}(m_x m_y H S_I') = -\frac{\partial}{\partial x}(m_y H u S_I') - \frac{\partial}{\partial y}(m_x H v S_I') - \frac{\partial}{\partial z}(m_x m_y w S_I') +$$
$$\frac{\partial}{\partial x}\left(\frac{m_y H A_x}{m_x}\frac{\partial S_I'}{\partial x}\right) + \frac{\partial}{\partial y}\left(\frac{m_x H A_y}{m_y}\frac{\partial S_I'}{\partial y}\right) + \frac{\partial}{\partial z}\left(m_x m_y \frac{A_z}{H}\frac{\partial S_I'}{\partial z}\right) + \quad （2\text{-}44）$$
$$m_x m_y W s \frac{\partial S_I'}{\partial z} - m_x m_y H K S_I'$$

$$\frac{\partial}{\partial t}(m_x m_y H S_i') = -\frac{\partial}{\partial x}(m_y H u S_i') - \frac{\partial}{\partial y}(m_x H v S_i') - \frac{\partial}{\partial z}(m_x m_y w S_i') +$$
$$\frac{\partial}{\partial x}\left(\frac{m_y H A_x}{m_x}\frac{\partial S_i'}{\partial x}\right) + \frac{\partial}{\partial y}\left(\frac{m_x H A_y}{m_y}\frac{\partial S_i'}{\partial y}\right) + \frac{\partial}{\partial z}\left(m_x m_y \frac{A_z}{H}\frac{\partial S_i'}{\partial z}\right) + \quad (2-45)$$
$$m_x m_y W_s \frac{\partial S_i'}{\partial z} - m_x m_y K S_i' + P_i$$

源解析方程的求解数值算法与水质方程相同，水质质量守恒方程包含对流和扩散输移、沉降、降解和源汇项；其中沉降、降解和源汇项与对流、扩散输移分开求解。对流和扩散输移的质量守恒控制方程如下：

$$\frac{\partial}{\partial t}(m_x m_y HC) = -\frac{\partial}{\partial x}(m_y HuC) - \frac{\partial}{\partial y}(m_x HvC) - \frac{\partial}{\partial z}(m_x m_y wC) +$$
$$\frac{\partial}{\partial x}\left(\frac{m_y H A_x}{m_x}\frac{\partial C}{\partial x}\right) + \frac{\partial}{\partial y}\left(\frac{m_x H A_y}{m_y}\frac{\partial C}{\partial y}\right) + \frac{\partial}{\partial z}\left(m_x m_y \frac{A_z}{H}\frac{\partial C}{\partial z}\right) \quad (2-46)$$

沉降、源汇项的质量守恒控制方程为

$$\frac{\partial m_x m_y HC}{\partial t} = -m_x m_y W_s \frac{\partial C}{\partial z} - m_x m_y HKC + \sum_{i=1}^{N} P_j \quad (2-47)$$

对流和扩散输移与水动力模型的物料平衡方程相似，因此计算方法也相同。分别采用二阶精度、三时间层的分步算法求解。第一步，单独求解Δt（t_{n-1}到t_n）时间内沉降、降解和源汇项，以得到物质在t_n时间的浓度（C_{-P}^n）：

$$m_x m_y H^{n-1} C_{-P}^n = m_x m_y H^{n-1} C^{n-1} - \Delta t m_x m_y W_s \frac{\partial C^{n-1}}{\partial z} - \Delta t m_x m_y H^{n-1} K C^{n-1} + \Delta t \sum_{i=1}^{N} P_i^{n-1}$$
$$(2-48)$$

式中，n为时间步长；C_{-P}^n为物质在t_n时间的浓度（mg/L）；C_{+P}^n为Δt时间内耦合物质迁移时的水质浓度（mg/L）。

第二步，利用有限差分形式求解从t_{n-1}到t_{n+1}，即2个Δt时间内耦合物质迁移项的水质浓度场（C_{-P}^n或C_{+K}^{n-1}）：

$$m_x m_y H^{n+1} C_{-K}^{n+1} = m_x m_y H^{n-1} C_{+K}^{n-1} + 2\Delta t \text{PT} \quad (2-49)$$

式中，PT为2个Δt时间内的物质迁移算子（g/m²·s）；C_{-K}^{n+1}为缺少源汇项时在$t=t_{n+1}$

时的水质浓度（mg/L），C_{+K}^{n+1} 为考虑源汇项时的水质浓度（mg/L）。

第三步，采用隐式格式求解得

$$m_x m_y H^{n+1} C^{n+1} = m_x m_y H^{n+1} C_{+P}^n - \Delta t m_x m_y W s \frac{\partial C_{+P}^n}{\partial z} - \Delta t m_x m_y H^{n+1} K C^{n+1} + \Delta t \sum_{i=1}^{N} P_i^{n+1}$$

(2-50)

因此，当受纳水体有 N 个源时，将会有 N 个偏微分方程，通过求解每个方程将会得到特定源的三维水质贡献率。

直接源解析方法将源与水质变量纳入同一型框架内实现动态耦合与非线性响应关系的解析，解决了替代模型难以建立湖泊水质与污染源间定量反馈关联的不足，是通过 1 次运算就可获取污染源在湖泊中的任何时空点位贡献的高分辨率和高效计算方法。

2.5 研究对象：滇池外海流域

2.5.1 流域自然环境特征

滇池位于云贵高原中部（图 2-5），云南省昆明市的西南部，湖西紧靠西山，其他三面为河流冲积或湖积平原，构成了滇池区域以湖为中心，平坝丘陵和山地围绕的地形。滇池古称滇南泽，又名昆明湖。其地理位置位于东经 102°36′～102°47′，北纬 24°40′～25°02′，位于长江、红河、珠江三大水系分水岭地带，属金沙江水系。滇池流域面积 2 920 km²，南北长 114 km，东西平均宽 25.6 km，整个流域为南北长、东西窄的湖盆地，地形可分为山地丘陵、淤积平原和滇池湖泊水域三个层次。山地丘陵占滇池流域面积的 69.5%，淤积平原占 20.2%，滇池湖泊水域占 10.3%。

滇池流域处于滇黔高原湖盆亚区，以浅丘缓坡地势为主，河谷切割相对浅，属中、低山地地貌。流域的地质构造属于扬子准台地滇东褶皱带西侧的昆明台褶束，构造以断裂为主，褶皱次之。构造以经向构造为主，纬向构造发育，并派生有后期北东向及北西向构造。受山原地貌及热带季风下生物气候的影响，滇池流域内红壤为基带土壤，以山原红壤为特点，土壤类型复杂多样，垂直分布明显，共有 9 个土类、15 个土属、26 个土种。其中以红壤、水稻土、紫色土、黄棕壤这 4 种土壤类型分布为主，红壤占总面积的 61.4%，在整个流域范围内广泛分布，水稻土占 24.0%，紫色土占 5.7%，黄棕壤占 5.1%。滇池流域自然植被分布着亚热带常绿阔叶林、暖性针叶林、灌丛、草甸和水生植被，分别占流域自然植被总面积的 3.58%、18.51%、6.34%、1% 和 1.02%。

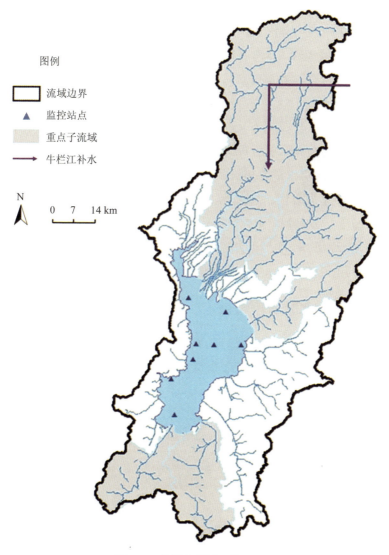

图 2-5　滇池流域地理位置

滇池流域气候属北亚热带，是典型的高原季风气候区，具有年降水量集中程度高、光热资源条件好、降水量中等偏丰、干雨季分明等特点。夏秋季主要受来自印度洋孟加拉湾的西南暖湿气流及北部湾的东南暖湿气流影响，在每年5—10月构成全年的雨季，湿热、多雨；冬春季则受来自北方干燥大陆季风影响，但受东北面乌蒙山脉屏障作用，区域天气晴朗，降水量减少，日照充足，湿度小，风速大。根据昆明市气象站统计资料，昆明市区多年平均气温14.7℃，极端最高温31.2℃；平均日照2 448.7 h，平均风速2.2 m/s，常年风向以西南风偏多，最大风速19 m/s。滇池流域多年平均年降水量917.93 mm，降雨年内分配不均，其中雨季降水量约占全年的85%。

滇池湖面在水位1 887.4 m时，面积约309 km^2，湖容15.6亿 m^3，调节湖容5.7亿 m^3。湖体被人工分割为互不交换的草海、外海两部分，其中南部的外海为滇池的主体，约占全湖面积的96.4%，平均水深4.4 m，在正常高水位时的水量为12.7亿 m^3，占滇池总水量的98%。入湖河道是滇池的主要补给水源，共有61条大小不等的河道呈向心状汇入滇池，主要入湖河流为盘龙江、新宝象河、洛龙河、捞渔河、白鱼河、茨巷河、东大河，另有沟渠28条。其中外海有入湖河流51条，草海有入湖河流10条，主城西部的河道主要进入草海，东部和北部的河道主要进入外海。由河道入滇池的水量年均9亿 m^3，约占滇池流域入湖水量的73%。

2.5.2 流域社会经济发展特征

滇池流域涉及昆明市五华区、官渡区、西山区、盘龙区、呈贡区及晋宁区、嵩明县共六区一县、60个乡镇或者街道办事处，基准年流域内各区县人口状况见表2-4。

表2-4 基准年滇池流域人口状况统计

涉及县（区）	乡、镇、街道	常住人口/万人	占比/%	涉及县（区）	乡、镇、街道	常住人口/万人	占比/%
五华区	护国街道	5.86	22	西山区	西苑街道	4.87	17
	大观街道	10.82			永昌街道	7.96	
	华山街道	10.02			前卫街道	12.11	
	龙翔街道	5.73			福海街道	7.73	

涉及县（区）	乡、镇、街道	常住人口/万人	占比/%	涉及县（区）	乡、镇、街道	常住人口/万人	占比/%
五华区	丰宁街道	8.44	22	西山区	棕树营街道	5.92	17
	莲华街道	12.29			马街街道	7.63	
	红云街道	10.26			金碧街道	13.82	
	黑林铺街道	6.94			碧鸡街道	3.79	
	普吉街道	4.72			海口街道	1.49	
	西翥街道	5.21			团结街道	4.98	
	高新区	6.97		呈贡区	龙城街道	4.92	8
盘龙区	拓东街道	11.55	21		洛羊街道	3.47	
	鼓楼街道	7.93			斗南街道	3.19	
	东华街道	11.18			吴家营街道	3.66	
	联盟街道	13.08			洛龙街道	1.92	
	金辰街道	13.69			雨花街道	1.75	
	青云街道	10.90			乌龙街道	3.25	
	龙泉街道	6.03			大渔街道	3.37	
	茨坝街道	5.75			马金铺街道	5.35	
	双龙街道	2.59			七甸街道	2.76	
	松华街道	0.69		晋宁区	昆阳街道	10.87	8
官渡区	关上街道	13.34	21		晋城镇	10.42	
	太和街道	9.37			二街镇	1.80	
	吴井街道	7.92			上蒜镇	3.71	
	金马街道	13.89			六街镇	1.47	
	小板桥街道	7.19			双河彝族乡	1.00	
	官渡街道	8.59			夕阳彝族乡	1.03	
	矣六街道	8.04		嵩明县	昆阳街道	10.87	3
	六甲街道	4.43			晋城镇	10.42	
	大板桥街道	4.95			—		
	阿拉街道	8.65					

滇池流域是云南省经济和社会发展水平最高的区域，以约占云南省0.75%的土地面积承载了全省约23%的GDP和8%的人口，是云南省人口密集度最高、工业化和城市化程度最高、经济发展水平最高、投资增长和社会发展最具活力的地区。"十三五"以来，滇池流域经济迅速发展，综合经济实力不断增强，2017年

滇池流域所涉及的地区生产总值达到 3 798.39 亿元。

滇池流域土地利用类型现状以林地和耕地为主，水面较少，草地最少。林地面积最大，为 1 259 km^2，占总面积的 43%；其次为耕地面积，为 739 km^2，占总面积的 25%；建设用地面积为 575 km^2，占总面积的 20%；水域面积为 323 km^2，占总面积的 11%；最少的是草地，面积为 24 km^2，占总面积的 1%（图 2-6）。

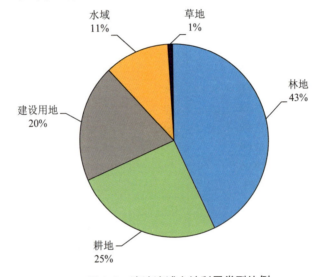

图 2-6 滇池流域土地利用类型比例

滇池流域内耕地主要集中在滇池流域北部和南部，分别占总耕地面积的 42% 和 36%；林地主要集中在滇池流域北部和南部，分别占总林地面积的 48% 和 30%；建设用地主要集中在滇池流域北部和东部，分别占总建设用地面积的 56% 和 19%；草地主要集中在滇池流域南部和西部，分别占总草地面积的 30% 和 28%。

2.5.3 滇池水质评价与波动分析

1. 滇池水质达标评价

通过收集滇池外海 8 个监测断面 2017—2020 年逐月水质指标数据，根据《地表水环境质量标准》(GB 3838—2002)，滇池外海的主要污染物为 TN、TP 和 COD，其对应达标情况见表 2-5~表 2-7。根据滇池外海 8 个国控断面及全湖平均的监测结果可知，滇池水质目前仍不稳定。2020年外海各个断面的TN达标情况均有所下降，8个断面Ⅲ类水达标率均值为35%，Ⅳ类水达标率均值为64%，低于2019年对应的64%和97%。2020年TP指标在不同断面的变化不同，Ⅲ类标准平均达标率从37%下降到31%，但地表水Ⅳ类标准的平均达标率反而从88.5%上升到90.6%。2020年COD指标的Ⅳ类水质达标情况相比2019年有所改善，平均达标率从34.4%上升为46.9%；但整体水质呈现恶化，一方面所有断面均未出现Ⅲ类水达标月份；另一方面Ⅴ类水达标率出现了显著下降，从基本全部达标下降为平均仅有78.1%的月份达标，即出现劣Ⅴ类水质的月份增多。

表2-5　2017—2020年滇池外海TN达标率　　　　　　　　　　单位：%

站点	2017年			2018年			2019年			2020年		
	Ⅲ	Ⅳ	Ⅴ	Ⅲ	Ⅳ	Ⅴ	Ⅲ	Ⅳ	Ⅴ	Ⅲ	Ⅳ	Ⅴ
晖湾中	0	8	42	33	58	92	67	100	100	33	67	92
罗家营	0	8	83	58	75	100	67	100	100	50	67	92
观音山西	0	25	75	33	83	100	58	100	100	17	58	83
观音山中	0	25	67	42	83	100	50	92	100	42	58	83
观音山东	0	25	83	42	83	100	67	92	100	33	58	92
白鱼口	0	33	75	50	92	100	50	92	92	42	75	100
海口西	0	17	67	25	50	100	75	100	100	33	58	92
滇池南	0	25	92	42	75	100	75	100	100	33	67	100

表2-6　2017—2020年滇池外海TP达标率　　　　　　　　　　单位：%

站点	2017年			2018年			2019年			2020年		
	Ⅲ	Ⅳ	Ⅴ	Ⅲ	Ⅳ	Ⅴ	Ⅲ	Ⅳ	Ⅴ	Ⅲ	Ⅳ	Ⅴ
晖湾中	0	0	83	17	92	100	42	92	100	25	83	100
罗家营	0	17	92	8	92	100	33	75	100	25	75	100
观音山西	0	8	92	58	100	100	50	92	100	33	92	100
观音山中	0	8	92	67	100	100	42	92	100	42	92	100
观音山东	0	17	100	58	100	100	33	92	100	42	92	100
白鱼口	0	17	92	0	92	100	33	83	100	42	100	100
海口西	0	25	100	50	100	100	33	100	100	25	100	100
滇池南	0	25	100	17	100	100	25	83	100	17	92	100

表 2-7 2017—2020 年滇池外海 COD 达标率   单位：%

站点	2017 年			2018 年			2019 年			2020 年		
	Ⅲ	Ⅳ	Ⅴ	Ⅲ	Ⅳ	Ⅴ	Ⅲ	Ⅳ	Ⅴ	Ⅲ	Ⅳ	Ⅴ
晖湾中	0	8	50	0	17	58	8	50	100	0	42	67
罗家营	0	0	33	0	75	100	8	25	100	0	42	75
观音山西	0	8	50	8	58	100	0	42	100	0	42	67
观音山中	0	0	42	8	50	92	8	33	100	0	50	83
观音山东	0	8	42	8	58	92	8	33	100	0	42	83
白鱼口	0	8	92	0	83	100	0	25	100	0	67	92
海口西	0	0	42	42	83	100	0	33	100	0	42	83
滇池南	0	8	67	8	75	100	0	33	92	0	50	75

综上，滇池外海水质呈整体改善趋势，但 2020 年水质出现轻微恶化，且不同水质指标达标情况存在一定的差异。外海 TN 浓度改善较为明显，2017—2019 年各个断面Ⅲ类水达标率普遍上升，2019 年Ⅲ类水达标率均超过 50%（含），Ⅳ类水达标率也均超过 90%，但 2020 年 TN 达标率略有下降。外海 TP 浓度 2017—2020 年整体持续改善，各个断面绝大部分时间均能满足Ⅳ类地表水标准，达到Ⅲ类标准的月份也实现了从无到有的突破。COD 浓度改善明显，在满足全年达到Ⅴ类标准的基础之上，Ⅳ类水达标率也显著上升，部分断面也开始出现达到Ⅲ类标准的月份；但 2019 年的 COD 指标则出现了恶化情况，2020 年全湖 COD 均值的Ⅳ类水达标率下降到 46.9%。此外，NH_3-N 的达标情况依旧稳定在Ⅰ类、Ⅱ类标准。

从年内波动情况来看，滇池外海主要污染物的季节变化趋势显著（图 2-7）。相比 2017 年和 2018 年，2019 年 TN 浓度显著下降，有较多月份满足Ⅲ类水标准，而 2020 年仅有个别月份能够满足Ⅲ类水标准。2017 年 TP 浓度仍长时间处于Ⅴ类，2018—2020 年 TP 浓度均能基本满足Ⅳ类水标准。2018 年外海 COD 浓度与 2017 年相比明显下降，但在 2020 年 4—10 月比 2019 年整体有所上升，出现劣Ⅴ类水质的月份明显增多。NH_3-N 浓度均能够全年稳定满足Ⅲ类标准。至于藻类情况，与 2017 年相比，2018 年外海 Chla 浓度明显下降，极大地缓解了 7 月、8 月藻类暴发程度，但 2019 年、2020 年 Chla 浓度整体呈上升趋势。

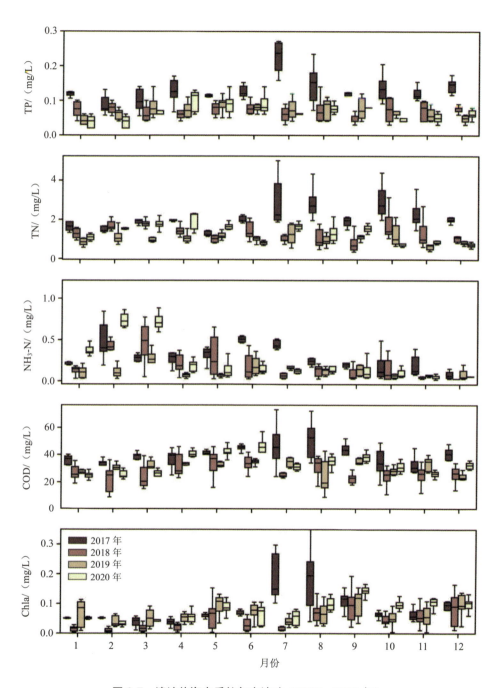

图 2-7 滇池外海水质的年内波动（2017—2020 年）

从水质指标来看，COD 不达标是滇池外海面临的最为突出的问题。一方面需要进一步研究湖泊水体过程，控制负荷输入；另一方面需就 COD 指标的环境学意义展开研究和分析。COD 代表的是水体里所有潜在的、具有耗氧潜力的物质，其中大部分物质在自然水体的条件下难以产生显著的耗氧作用。国外的相关水质管理经验表明，水体用途是设定水质目标的关键。例如，如果生态系统的维系需要较高的溶解氧浓度，就将其定为目标，进而要求所有流域治理保护措施都围绕溶解氧展开，对 TN、TP、BOD 等采取负荷削减措施，但通常不会将其浓度作为控制工程的水质目标。不同水体具有独特的物理化学生物特性，如果高 BOD 不会引起缺氧，那么就允许其存在。因此湖泊治理应围绕核心问题（溶解氧、叶绿素等）开展，而不对中间污染物（营养盐、BOD 或者 COD 等）设立目标。针对滇池外海 COD 指标，需要切实考虑滇池流域和湖体的自身特性，结合水质考核达标要求和滇池湖泊治理目标两个方面，进行深入的研究和分析，从而科学合理地规划削减控制工程。

2. 滇池长时间水质变化趋势

滇池外海 8 个考核断面 1998—2020 年逐年水质差异明显。透明度（SD）经历多次先上升（1999—2003 年与 2010—2014 年）后下降（2003—2010 年与 2014—2017 年）的阶段。DO 浓度在 2007—2015 年较低，2016 年后开始升高。NH_3-N 浓度持续在 0.25 mg/L 波动。TN 浓度在 2006—2013 年较高，且在 2007 年和 2011 年出现峰值（超过 2.5 mg/L），2011 年后下降趋势显著，在 2017 年有所回弹，2019 年为 TN 浓度历史最低水平。TP 浓度自 2000 年以来在波动中持续下降，2020 年为 TP 浓度历史最低水平。COD 浓度在 2012 年达到最大值后下降，2018 年达到历史最低水平。Chla 浓度年际变化趋势不明显，2018 年显著下降后，2019 年、2020 年又显著上升（图 2-8）。

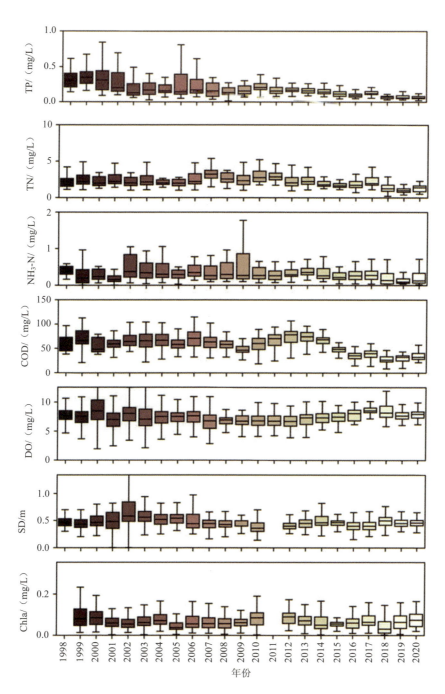

图 2-8 滇池水质多年变化趋势

上述水质变化趋势结果表明,近年来外海水质 TN、TP、COD 在波动中逐年下降,2018 年为历史最低,凸显出综合治理工程的环境效果。但 2020 年滇池外海水质有所下降,且 Chla 等指标波动仍然较剧烈,距离水生态持续改善和外海水质稳定达标的目标仍有较大差距。

2.6 滇池流域精准治污决策模型构建与校验

2.6.1 滇池流域水文与污染物输移模拟

考虑到模型运行的稳定性,本研究采用 LSPC 构建滇池流域的水文水质模型,建模过程主要包括数据库建立、水文响应单元确定、参数率定和模拟结果分析(图 2-9)。LSPC 将关系数据库作为模型的主要模块,将除气象数据以外的其他数据都存储或者连接到关系数据库,模型使用者可以便捷地更新数据和模型参数、准备模型输入、处理数据关系以及进行模型结果的分析等。

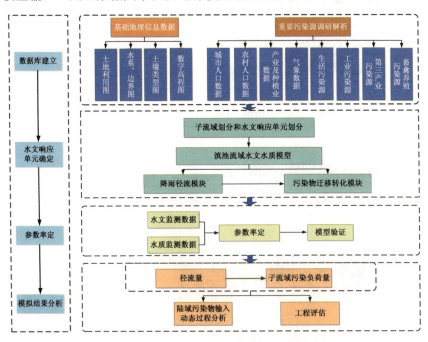

图 2-9 滇池流域水文与污染物输移模型构建流程

1. 水文响应单元确定

不同种植类型、种植方式、施肥量、人类活动会导致土壤侵蚀和营养物流失的差异。据此将流域划分为多个较小的均质性单元，即水文响应单元（Hydrologic Response Unit，HRU）。根据雨量站及流域特征将流域划分成若干个单元面积，当单元面积小到一定程度时，即可认为具有水文要素上的均一性，将其作为模拟输入/输出的最小基本单元。水文响应单元通常可基于土壤类型图、土地利用类型图、坡度、子流域进行划分。

土壤的物理属性和化学属性直接影响着流域水文循环的各个过程，如地表径流、地下径流、入渗、侧渗、产沙、输沙、作物生长、养分流失等。滇池流域内主要的土壤类型为红壤和水稻土，其中红壤占总面积的61%，水稻土占总面积的24%。滇池流域共有26类土种，其类型及占比见表2-8，空间分布如图2-10所示。

表2-8 滇池流域土壤类型统计

土类	土属	土种	面积/km²	占比/%
城市	城市	城市	27.7	1.1
红壤	红壤	红壤	0.7	0.0
		灰岩山原红壤	10.8	0.4
	山地红壤	暗山地红壤	311.4	11.9
		灰岩山地红壤	476.5	18.2
		泥质山地红壤	421.3	16.1
		沙质山地红壤	20.8	0.8
		鲜山地红壤	18.4	0.7
		紫山地红壤	349.4	13.3
黄棕壤	暗黄棕壤	厚层暗黄棕壤	112.7	4.3
	黄棕壤	泥质暗黄棕壤	19.7	0.8
		鲜暗黄棕壤	2.1	0.1
水稻土	潜育型水稻土（青泥、冷锈田）	潜育型水稻土（青泥、冷锈田）	18.1	0.7
	水稻土	水稻土	48.0	1.8
	淹育型水稻土（泥田）	红泥田（红壤性母质）	56.1	2.1
	潴育型水稻土（暗泥田）	暗红泥田（红壤性母质）	104.7	4.0
		暗鸡粪土田（冲、湖、洪积母质）	77.8	3.0
		暗胶泥田（冲、湖、洪积母质）	150.7	5.8

土类	土属	土种	面积/km²	占比/%
水稻土	潴育型水稻土（暗泥田）	暗沙泥田（冲、湖、洪积母质）	147.6	5.6
		暗紫泥田（紫色土性母质）	26.0	1.0
水域	水域	水域	11.5	0.4
新积土	冲积土	冲积土	8.9	0.3
沼泽土	泥炭沼泽土	泥炭沼泽土	7.2	0.3
紫色土	钙质泥	钙质泥	52.5	2.0
	酸性紫色土	红紫泥	98.0	3.7
棕壤	棕壤	灰岩棕壤	42.0	1.6

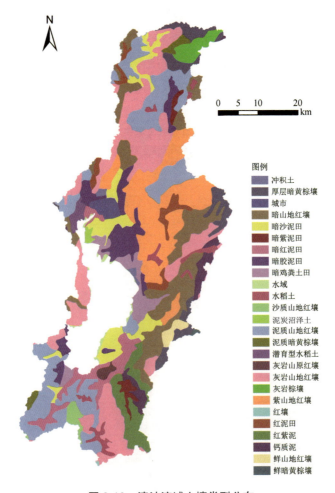

图 2-10　滇池流域土壤类型分布

流域土地利用是构建陆域污染负荷迁移动态模型的基础输入信息，可由遥感影像数据进行解译获取。考虑到滇池流域土地利用的复杂性，本研究采用两套遥感数据进行土地利用解译和融合，从城市土地利用类型的角度看，主要包括3种特殊类型，即道路、庭院和屋顶。城市面源污染研究也多围绕这3种下垫面展开，研究结果表明，这3种下垫面由于污染物来源的差异造成径流中污染物含量、种类有较大差别。因此本研究拟采用2017年高分辨率遥感影像（Quickbird影像，空间分辨率0.6 m）进行600 km² 的昆明主城区下垫面解译，土地利用类型包括绿地、道路、水体、裸地、屋顶、庭院、农田、体育场、林地、村落，以期得到详细可靠的研究区下垫面特征。流域其他地区（面积约2 328 km²）采用空间分辨率30 m的Lanssat5/TM光谱遥感影像进行土地利用类型自动解译。解译过程主要把图像中的每一个像元或区域划归为若干类别中的一种，即通过对各类地物的光谱特征分析为选择特征参数，将特征空间划分为互不重叠的子空间，然后将影像内各个像元划分到各个子空间中去，从而实现分类。这两套遥感数据具体解译结果如图2-11所示。

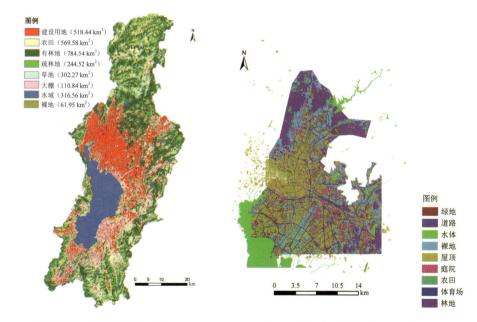

（a）滇池全流域土地利用类型（分辨率30 m）　　（b）滇池昆明主城区土地利用类型（分辨率0.6 m）

图 2-11　滇池流域土地利用方式的分布

子流域与坡度可根据滇池流域的数字高程模型（DEM）提取得到。DEM 主要用于提取地形地貌指数，并能够准确而快捷地生成河道和分水岭，基于高程数据采用自动算法划分滇池流域的汇水区。依据流域内的 DEM 高程数据，将滇池流域划分为 390 个汇水区进行计算，其中盘龙江流域、采莲河流域由于高差较小，因此参照该区域内的管网信息进行手动修改。具体子流域划分情况如图 2-12 所示。

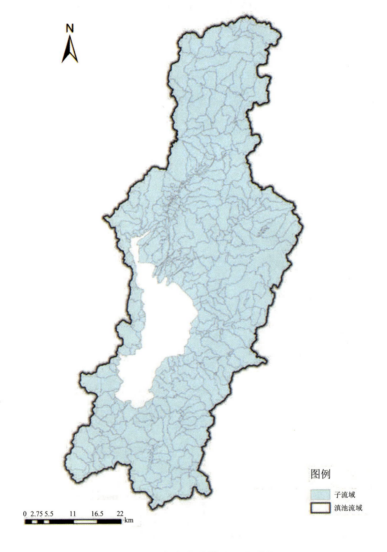

图 2-12　滇池流域模型子流域划分

将子汇水区、坡度、土壤类型与土地利用类型进行叠加汇总，可得到全流域的水文响应单元分配结果（图2-13）。共有79种不同类型的水文响应单元，分布较广的类型有城市、草地-低坡度-红壤、大棚-低坡度-水稻土、旱地-高坡度-红壤等。LSPC模型通过设置不同水文响应单元的植被截留参数、土壤渗透参数、土壤层蒸散发参数、地下水退水参数、泥沙冲刷冲蚀参数、污染物累积、冲刷等参数，模拟不同下垫面条件的产流-汇流以及污染物的累积—冲刷—迁移过程。

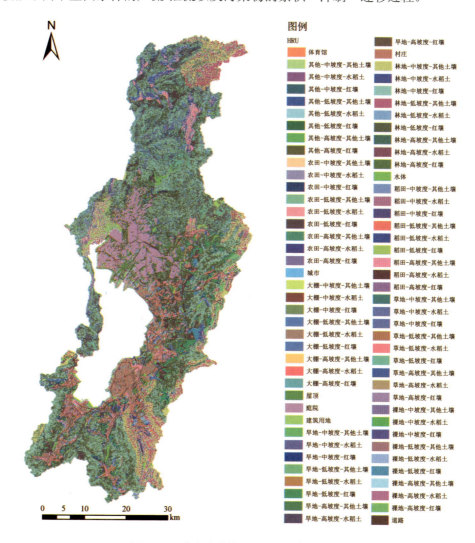

图2-13　滇池流域模型水文响应单元划分

2. 滇池流域 LSPC 模型搭建

由于滇池流域的人为干扰严重，自然汇水区域发生变动，故需根据实际情况进行汇水区修正，如考虑污水处理厂纳污范围和排水去向问题的修正。在 LSPC 模型输入中将整理好的子流域图层、河道图层、点源位置图层、气象站点图层汇集入库到 WDM 文件中，再由 LSPC 程序读取，每项数据分配固定的 DSN 编号和名称。输入的气象数据包括降水量、潜在蒸散发、气温、风速、太阳辐射、露点温度和云量 6 项。河流图层主要属性包括河流长度、坡度、流向、宽度、深度、最小高程、最大高程。输入的水文水质数据为逐日河道流量和水库下泄量数据，用于校准水文模块。收集的水质数据主要包括河道水温、含沙量、溶解氧、氨氮、硝态氮、总氮和总磷 7 项水质指标，用于校准泥沙和水质模块。最后，基于 BASINS 的 WinHSPF 软件平台，导入流域地理数据和 WDM 输入文件，可生成 LSPC 主程序文件 UCI。该 UCI 包含了所有的模型参数和结构信息，是 LSPC 模型的核心文件。

3. 模型校正

滇池流域陆域水文水质模型模拟时间为 2012—2018 年，其中 2012—2016 年为校正时间，2017—2018 年为验证时间。模拟结果的性能指标采用纳什系数（E_{ns}）和线性回归的相关系数（R^2）进行评价，计算式分别为

$$E_{ns} = 1 - \frac{\sum_{i=1}^{n}(O_t - P_t)^2}{\sum_{i=1}^{n}(O_t - O_{avg})^2} \tag{2-51}$$

$$R^2 = \left(\frac{\sum_{i=1}^{N}(P_i - \bar{P})(O_i - \bar{O})}{\sqrt{\sum_{i=1}^{N}(P_i - \bar{P})^2}\sqrt{\sum_{i=1}^{N}(O_i - \bar{O})^2}}\right)^2 \tag{2-52}$$

式中，P_t 为模拟值；O_t 为实测值；O_{avg} 为模拟时段内实测平均值；n 为模拟总日数（d）。其中，$0 \leqslant R^2 \leqslant 1$，$R^2$ 越大，模拟值与实测值越接近；E_{ns} 最大为 1，它反映了

模拟值与实测值的拟合程度，值越接近 1 表示模拟结果越好，当 E_{ns} 为 0 时表示总体结果可信。

流量校正结果如图 2-14 所示，其中模拟误差最小的是白邑站，R^2 超过 0.9，其次是昆明站和中和站，R^2 约为 0.75，结果表明流量误差模拟处于可接受范围内，模型可用于后续的负荷模拟。

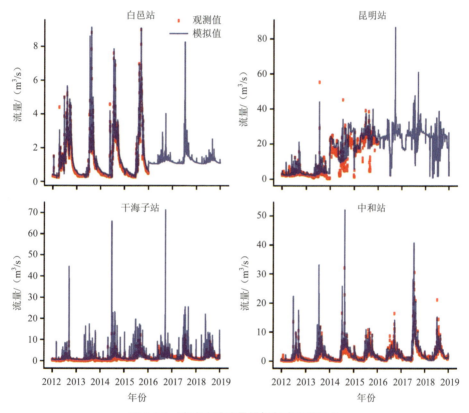

图 2-14　滇池流域流量模拟与实测值对比

水质部分参数借助 20 余条入湖河流的逐月监测数据（COD、TN、NH_3-N、TP）进行率定（图 2-15 为以部分站点校正情况为例）。结果显示，模拟的水质浓度与监测值具有相同的变化趋势，同时在降雨时刻还表现出水质浓度冲击性变化过程，符合建模需求。

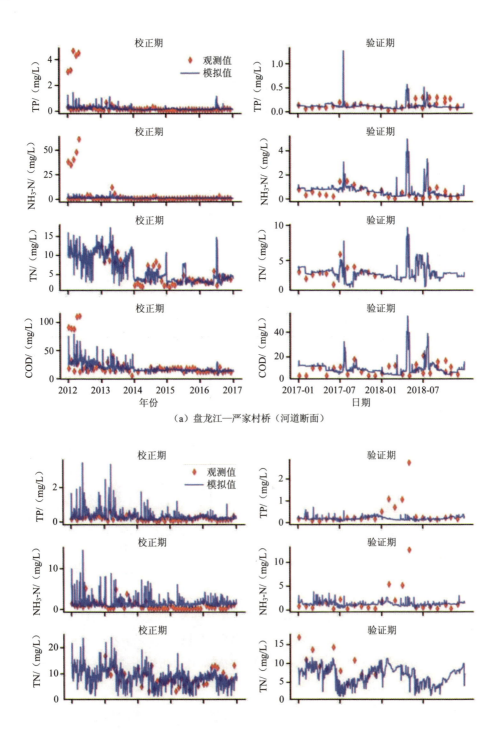

(a)盘龙江—严家村桥(河道断面)

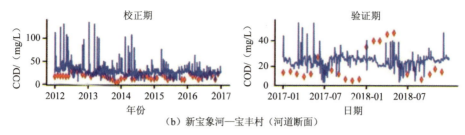

(b) 新宝象河—宝丰村（河道断面）

图 2-15　滇池流域主要河流水质模拟与实测值对比

2.6.2　滇池三维水动力-水质-藻类模拟

1. 模型输入数据

构建湖体模型的输入数据主要包括基础空间数据和监测数据。基础空间数据是指水下地形数据，以便于确定湖体是否存在热分层现象，设置合理的水体垂向层数。监测数据包括水环境监测数据、水文监测数据、气象监测数据等。其中气象监测数据包含逐时的降雨、蒸发、太阳辐射强度、气温、大气压、湿度、云层盖度、风速和风向等多项指标，用以计算热量平衡、水动力过程和水质过程；入湖河流流量、污染物浓度、水温及入湖口位置等数据是构建模型的重要边界条件，具有空间差异性的外部负荷和流量数据是模型的重要驱动力，可由可靠的陆域模型提供；湖体水位与水质监测数据用以校准和验证模型，因此监测频率越小越有利于提高模型精准度。工程运行数据是指生态补水、内源清淤等作用于湖体的治理工程所削减的污染物量。

2. 网格生成与初始设置

滇池外海三维水质-水动力模型采用正交曲线网格，其中水平方向共有 763 个网格，网格既不能过少也不能过多，过多会造成计算不稳定与计算成本增加，过少会导致空间分辨率不足。合适的网格数需要根据湖泊形状和水流复杂程度进行调整。垂直方向分为 4 层，这是由于滇池在夏季可能出现局部的底层缺氧现象，垂向水质浓度分布不均，表层和底层的藻类含量也不相等。模型模拟时间为 2012—2018 年，其中 2012—2016 年为校正时间，2017—2018 年为验证时间，计算步长为 60 s，每 6 h 输出一个计算结果。模型离散网格如图 2-16 所示。

模型的初始条件主要为水质指标如初始水深、初始水温和初始水质浓度。初始水深根据初始水位与水底高程进行计算；初始水温是模拟起始时间的各个网格的水温，温度初始值统一设定为 15℃；初始水质浓度是模拟起始时间的各个模拟网格水体水质指标浓度，可采用模型初始时间的水体观测数据。

根据对滇池外海的调查结果和陆域模型的模拟计算需要，湖泊的水流边界共有 56 个（图 2-16），其中入流 52 条，包括河流 27 条和沟渠 24 条，以及草海至外海的临时抽排泵站 1 个；出流有海口河和外海北岸蓝藻通道、水体置换、农业灌溉取水。入流流量和入流水质采用陆域模型的模拟结果，时间分辨率为日。

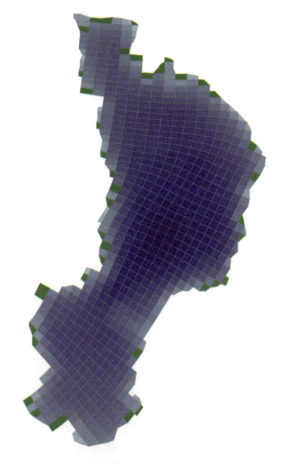

图 2-16　滇池外海水质-水动力模型网格与入流位置

3. 模型校正与验证

采用滇池外海8个国控监测断面2012—2018年逐月水质观测数据对滇池外海水动力-水质模型进行参数校验，模型中需要调整的参数见表2-9和表2-10。

表2-9 滇池外海水动力模块重要参数值

参数缩写	参数含义	取值
SWRATNF	消光系数，用于水温动态模拟/m^{-1}	2
AVO	背景，常数或分子动能黏度	0.000 001
ABO	背景，常数或分子扩散系数	1.4×10^{-9}
AVMN	最小涡流黏度	0.000 001
ABMN	最小涡流扩散系数	1.4×10^{-8}
VISMUD	恒定的浮泥黏度	0.000 001
SOLRCVT	太阳短波辐射调整系数	0.8
CLDCVT	云量辐射调整系数	1

表2-10 滇池外海水质模块重要参数值

参数缩写	参数含义	取值
KHN	藻类的氮半饱和浓度/（mg/L）	0.012
KHPc	第1种藻类的磷半饱和浓度/（mg/L）	0.002
KHPd	第2种藻类的磷半饱和浓度/（mg/L）	0.002
KHPg	第3种藻类的磷半饱和浓度/（mg/L）	0.002
CChl	藻类细胞内碳与叶绿素的比值/（mg 碳/μg 叶绿素）	0.025
DOPT	藻类生长的最适深度	1
KLP	活性颗粒态有机磷的最低水解速率/d^{-1}	0.04
KDP	溶解态有机磷的最低水解速率/d^{-1}	0.04
KHDNN	反硝化作用的半饱和系数/（g 氮/m^3）	0.05
rNitM	最大硝化速率/d^{-1}	0.05
KHNitDO	硝化作用的溶解氧半饱和系数	1
KHNitN	硝化作用的氨氮半饱和系数	0.1
PMc	第1种藻类的最大生长速率/d^{-1}	2.1
PMd	第2种藻类的最大生长速率/d^{-1}	2.7
PMg	第3种藻类的最大生长速率/d^{-1}	1.9
BMRc	第1种藻类的基础代谢速率/d^{-1}	0.09
BMRd	第2种藻类的基础代谢速率/d^{-1}	0.1
BMRg	第3种藻类的基础代谢速率/d^{-1}	0.1
PRRc	第1种藻类的捕食速率/d^{-1}	0.05

参数缩写	参数含义	取值
PRRd	第 2 种藻类的捕食速率/d^{-1}	0.04
PRRg	第 3 种藻类的捕食速率/d^{-1}	0.03
WSc	第 1 种藻类的沉降速率/(m/d)	0.1
WSd	第 2 种藻类的沉降速率/(m/d)	0.1
WSg	第 3 种藻类的沉降速率/(m/d)	0.1
WSrp	惰性颗粒态有机物的沉降速率/(m/d)	0.3
WSlp	活性颗粒态有机物的沉降速率/(m/d)	0.1

经过参数初步校正，能够模拟出水体内部主要的水动力过程和关键水质指标的变化过程（图 2-17）。图中红色点为实测结果，黑色的线为模拟值，阴影条带为 20% 置信区间。以最受关注的北部晖湾中站点为例，水位模拟误差指标 RMSE 在校正期是 0.02 m，验证期是 0.04 m；表层水温模拟误差指标 RMSE 在校正期是 2.25℃，验证期是 3.44℃；DO 模拟误差指标 RMSE 在校正期是 1.18 mg/L，验证期是 1.41 mg/L。该结果表明，该模型能在误差可接受范围内模拟各个站点的水动力和水质指标的变化过程，把握其年际和年内变化趋势，并在一定程度上反演出观测数据稀少时段的水质特征，可支撑对于湖体内循环过程的理解及治理工程效益的定量评估。

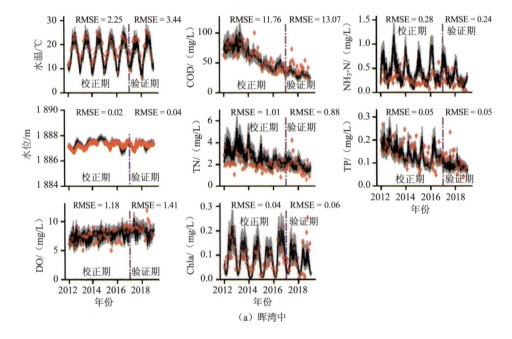

(a) 晖湾中

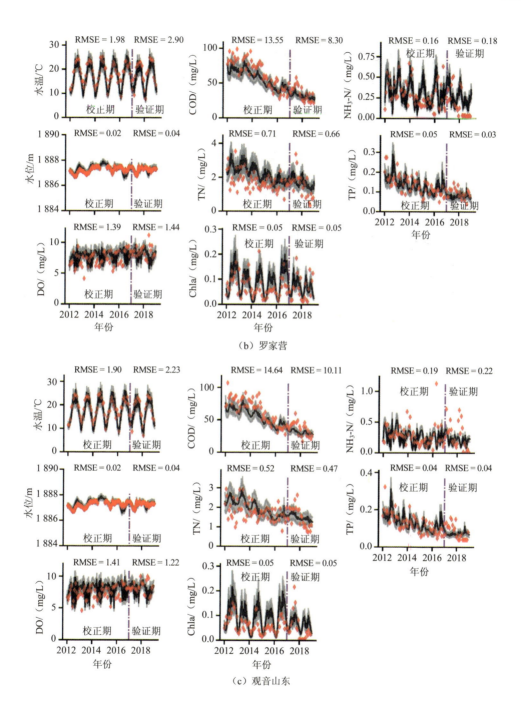

(b) 罗家营

(c) 观音山东

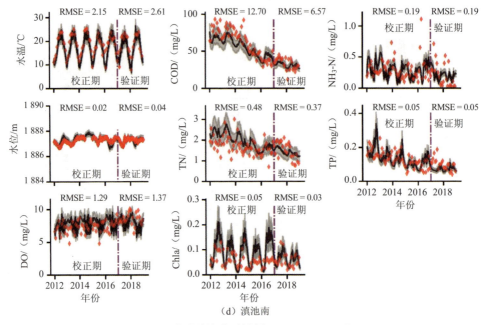

图 2-17 滇池外海水质模拟（2012—2018 年）

2.6.3 滇池陆域-水域响应关系模拟

由于滇池外海属于富营养化湖泊，内部伴随复杂的水质过程、沉积物过程和生物过程。本研究采用三维水动力-水质-藻类模型进行时空模拟，与之相应地采用更适合的水质贡献数值解析方法，即控制入流情景解析，获得汇入滇池外海的共计 52 条河流或沟渠的贡献。

1. TN 浓度的贡献解析

对滇池外海 TN 水质浓度影响最大的是新宝象河（表 2-11），在其较大流量与较大负荷的共同作用下，对 8 个断面的平均水质影响达到 18.5%；其次是盘龙江，达到了 7.1%；清水大沟、海河与淤泥河的平均水质贡献均超过了 6.0%。但其主要影响的断面不同：清水大沟对白鱼口、观音山中与观音山东 3 个断面均产生了超过 8.0%（含）的影响；海河与盘龙江情形相似，对观音山中、罗家营和晖湾中 3 个断面的影响较大，水质影响分别为 6.9%、7.9% 和 10.4%；淤泥河对滇池南、海口西断面的影响较大,均超过 7.0%,对观音山东断面影响为 8.8%。此外,需要注意的是东大河,虽然其对 8 个断面平均水质影响仅有 5.0%,但对海口西断面的单独贡献达到 10.6%,其污染控制对海口西 TN 达标的实现具有更重要的作用。

表 2-11　主要入湖河流对滇池外海各国控断面的 TN 浓度变化贡献　　单位:%

河流	滇池南	海口西	白鱼口	观音山中	观音山东	观音山西	罗家营	晖湾中	均值
新宝象河	18.2	16.6	20.7	21.7	18.5	19.4	21.7	10.8	18.5
盘龙江	5.5	5.0	6.5	7.0	5.5	6.1	8.1	13.5	7.2
清水大沟	7.6	6.8	8.7	8.0	8.5	7.6	6.0	3.5	7.1
海河	5.4	4.8	6.4	6.9	5.4	6.1	7.9	10.4	6.7
淤泥河	7.9	7.3	6.2	5.4	8.8	6.6	4.7	3.0	6.2
马料河	5.4	4.9	6.2	6.0	5.7	5.6	5.4	2.6	5.2
东大河	6.4	10.6	3.8	3.8	4.1	5.5	3.7	2.5	5.1
捞渔河	3.7	3.4	3.5	2.9	5.4	3.4	2.4	1.5	3.3
广普大沟	1.5	1.4	1.8	1.8	1.6	1.7	1.3	0.7	1.5

2. TP 浓度的贡献解析

TP 源解析结果较为复杂(表 2-12)。新宝象河依旧是各个断面 TP 指标的最大影响来源,对 8 个断面 TP 指标的平均贡献为 15.0%,其中对罗家营断面的水质影响更是达到了 18.3%。海河 TP 年负荷量为 24.1 t,为 11 条河流中最高,对 8 个断面 TP 指标的平均贡献为 12.0%,对外海北部的晖湾中、罗家营 TP 的影响更是分别达到了 18.2%和 14.3%。盘龙江 TP 浓度较高,其对水质影响平均贡献为 8.5%。淤泥河对水质影响平均为 5.8%,特别影响滇池南(7.4%)、观音山东(8.2%)和海口西(6.7%)3 个断面。东大河主要影响海口西断面,水质影响为 7.6%。捞渔河与广普大沟对水质平均贡献超过 3.0%,同样值得关注。

表 2-12　主要入湖河流对滇池外海各国控断面的 TP 浓度变化贡献　　单位:%

河流	滇池南	海口西	白鱼口	观音山中	观音山东	观音山西	罗家营	晖湾中	均值
新宝象河	13.7	12.0	17.5	17.2	15.9	15.7	18.3	9.9	15.0
海河	9.7	8.6	11.8	12.0	10.1	11.0	14.3	18.2	12.0
盘龙江	7.3	6.7	8.9	8.9	7.9	8.3	11.4	19.1	8.5

河流	滇池南	海口西	白鱼口	观音山中	观音山东	观音山西	罗家营	晖湾中	均值
淤泥河	7.4	6.7	5.6	4.9	8.2	5.8	4.3	3.1	5.8
马料河	4.4	3.8	5.4	5.2	4.9	4.8	4.7	2.5	4.5
广普大沟	3.5	3.1	3.9	3.9	3.4	3.7	2.8	1.9	3.3
东大河	4.1	7.6	1.6	1.6	1.8	3.0	2.0	1.7	2.9
捞渔河	4.3	3.7	4.2	3.7	5.2	4.1	3.1	2.0	3.8
清水大沟	1.2	0.9	1.8	1.8	1.9	1.3	0.9	0.5	1.3

3. COD 浓度的贡献解析

在 COD 源解析结果中，同样是新宝象河产生的水质影响最大（表 2-13），对水质影响平均达到 21.4%，其中对罗家营断面的水质影响超过了 24.0%。淤泥河对水质贡献平均为 8.5%，特别影响滇池南（9.7%）、海口西（9.1%）和观音山东断面（10.4%）。海河的平均水质影响为 6.6%。盘龙江的平均水质影响为 6.4%，清水大沟的平均水质影响为 5.2%。与 TN 指标类似，东大河对海口西的水质影响为 9.7%，明显超出平均水质影响（6.0%）。

表 2-13　主要入湖河流对滇池外海各国控断面的 COD 浓度变化贡献　　单位：%

河流	滇池南	海口西	白鱼口	观音山中	观音山东	观音山西	罗家营	晖湾中	均值
新宝象河	20.8	19.5	22.6	23.9	20.9	21.7	24.4	17.1	21.4
淤泥河	9.7	9.1	8.6	8.0	10.4	8.8	7.5	6.2	8.5
海河	5.8	5.5	6.4	6.6	5.9	6.2	7.1	9.2	6.6
盘龙江	5.3	5.0	5.8	6.1	5.3	5.6	6.8	11.2	6.4
东大河	6.9	9.7	5.1	5.3	5.2	6.4	5.3	4.5	6.1
马料河	5.4	5.0	6.0	6.0	5.6	5.6	5.8	4.1	5.4
清水大沟	5.3	4.9	5.9	5.7	5.7	5.4	4.9	3.9	5.2
捞渔河	3.8	3.6	3.9	3.5	5.0	3.8	3.2	2.6	3.7
广普大沟	1.3	1.2	1.5	1.5	1.4	1.4	1.2	1.0	1.3

4. NH_3-N 浓度的贡献解析

在 NH_3-N 源解析结果中，新宝象河对水质影响最大（表 2-14），平均水质影响达到 15.9%，其中对罗家营断面的水质影响达到了 28.0%。盘龙江来水突出影响晖湾中断面（39.9%），水质影响平均达到 13.1%。海河除影响北部的罗家营（16.4%）与晖湾中（22.0%）断面外，对外海中部的白鱼口与观音山中断面的水质影响也超过了 6%。与其余指标类似，东大河集中影响滇池外海南部的滇池南与海口西断面，水质影响分别为 13.6%与 29.3%，明显超出平均水质影响（6.5%）。除此之外的马料河、捞渔河、广普大沟、清水大沟与淤泥河的平均水质影响也均超过了 3.0%。

表 2-14　主要入湖河流对滇池外海各国控断面的 NH_3-N 浓度变化贡献　　　单位：%

河流	滇池南	海口西	白鱼口	观音山中	观音山东	观音山西	罗家营	晖湾中	均值
新宝象河	11.5	4.2	23.4	26.3	12.7	16.5	28.0	4.7	15.9
盘龙江	7.0	3.6	10.3	12.3	5.0	8.6	18.3	39.9	13.1
海河	8.7	6.1	11.1	12.5	6.1	10.6	16.4	22.0	11.7
东大河	13.6	29.3	0.6	0.8	1.1	5.2	1.8	0.6	6.5
马料河	3.5	1.9	7.8	7.2	5.9	5.4	5.5	0.9	4.8
捞渔河	4.0	2.3	4.6	2.3	12.1	4.0	1.0	0.5	3.9
广普大沟	3.2	2.6	5.5	6.1	3.6	4.8	2.5	0.9	3.7
淤泥河	6.0	1.7	2.8	1.4	11.3	2.6	0.6	0.4	3.4
清水大沟	0.3	0.2	8.0	6.1	5.4	2.5	1.9	0.3	3.1

2.7　小结

模型体系是精准治污决策的核心，旨在定量表示"工程—片区—排口—河道—湖体"逐级响应关系的核心工具，能够解析不同片区多级入流的负荷构成和水质贡献，实施治理工程的系统化评估，识别重点控制区域和治理时间，实施精准施策。模型体系由陆域污染负荷迁移模型、湖泊/河道水动力-水质-藻类模型、陆域-水域数值源解析模型三大类型组成，其中陆域污染负荷迁移模型可根据土地利用方式和水文关系由 HSPF、LSPC、SWMM、Infoworks 等框架构建而成，湖泊/河道水动力-水质-藻类模型可根据复杂性由 EFDC、IWIND 等系列框架搭建而成，陆域-水域数值源解析模型则是耦合陆域污染负荷迁移模型与湖泊/河道水动力-水质-藻类模型搭建而成，可实现水质贡献高效快速解析。

滇池位于高原地区，湖泊对气候极其敏感，并且地处人口密度较高的城市下游，受人为影响巨大，加之多种因素共同作用，导致滇池水质浓度居高不下，藻类高位波动。通过深入了解滇池流域的污染现状与数据收集，本研究构建、校正并验证了陆域污染负荷迁移模型与湖泊三维水动力-水质-藻类模型，并以此为基础解析出各条入流对滇池不同区域的水质贡献值。模拟结果较好地重现了2012—2018年滇池水质的演变过程，把握其年际和年内变化趋势，并在一定程度上反演出观测数据稀少时段的水质特征，可支撑对于湖体内循环过程的理解及治理工程效益的定量评估。

第3章 滇池流域污染源构成与水质变化的驱动机制解析

3.1 外海入湖口及对应子流域范围确定

3.1.1 流域水系分布

入湖河道是滇池的主要补给水源，大小不等的河道呈向心状汇入滇池，其中主要入湖河流为盘龙江、新宝象河、洛龙河、捞渔河、白鱼河、茨巷河、东大河。考虑到滇池由海埂大坝分为外海和草海两部分，两者水量交换较少，故将其分别进行统计，其中外海有入湖河流52条，草海有入湖河流10条，主城西部的河道主要进入草海，东部和北部的河道主要进入外海。由河道入滇池水量年均9亿 m^3，约占滇池流域入湖水量的73%，主要入湖河流概况见表3-1，滇池流域水系如图3-1所示。

表 3-1 滇池主要入湖河流概况

水体区域	河流名称	全长/km	流域范围
草海	乌龙河	3.68	起于昆明医学院，经白马小区、西南建材市场、明波办事处，在明家地（明波村）汇入草海
	新运粮河	14.32	流经五华区、高新区、西山区，在积下村入草海，是昆明市主城区盘龙江以西主要的防洪、排污河道
	老运粮河	10.55	起于菱角塘，经赵家堆过人民西路一号桥，穿环西路纳小路沟、七亩沟、鱼翅路沟来水，在积善村注入草海

水体区域	河流名称	全长/km	流域范围
草海	王家堆渠	3.50	起于昆明市西山区普坪村发电厂,流经龙船甸、河尾村、王家堆入滇池草海
	大观河	4.20	起于篆塘公园,止于大观公园滇池入海口,流经主城区的重要景观河道,属五华区和西山区的管辖范围
	船房河	11.40	位于昆明城区西南部,是入滇主要河道之一。以成昆铁路为界,上段称为兰花沟,起于圆通山东口,以合流制为主水道,合流污水部分进入第一污水处理厂;下段称为船房河,为合流制排水河道,旱季经船房河泵站抽排至西园隧洞,雨季进入草海
	西坝河	8.49	起于昆明市西山区玉带河鸡鸣桥,流经金碧、福海街道办事处,自北向南流经弥勒寺、西坝、马家堆、福海,至新河村入草海
外海	采莲河	11.20	位于昆明市区南部,自螺蛳湾黄瓜营分流盘龙江江水,向西流经豆腐营至老鸦营转向西南,过卢家地、李家村、田家地村、大坝村、度假区,从海埂公园东泵站抽排入滇池外海
	金家河	7.90	金家河为金太河于四道坝的分流河道之一,属于西山区前卫街道办事处管辖范围,流经拥护、金河2个社区委员会
	盘龙江	54.00	盘龙江的主源为牧羊河(又称小河),发源于嵩明县境内的梁王山北麓葛勒山的喳啦箐,由黄石岩南流入官渡区小河乡
	大清河	13.55	大清河水系发源于昆明北郊松华坝水库,由上游的金汁河、中下游的明通河和枧槽河、下游的大清河组成,明通河下段与枧槽河在张家庙交汇后称为大清河
	海河	16.21	发源于官渡区撮云山,海河前段名东白沙河,主要流经金马、小板桥、六甲,最后在福保文化城进入滇池
	六甲宝象河	9.70	属于宝象河的支流,起源于小板桥街道办事处羊甫分洪闸,经福保村汇入海河入滇池
	小清河	8.79	是主城南区的排涝河道,原为六甲宝象河的一条分支,现自成独立河流水系,属低位河,发源于小板桥镇云溪村附近,与六甲宝象河在福保村汇合后由泵站抽入五甲宝象河,然后一起汇流入滇池
	五甲宝象河	8.00	起源于小板桥云溪村九门里,终点至六甲小河咀入湖口
	虾坝河	6.30	是宝象河的另一分洪、灌溉河道,从织布营村起,主河道沿金刚村穿广福路桥,在姚家坝处分为姚安河、新河两条支流,入湖口分别为福保与昆明艺术学院

第 3 章　滇池流域污染源构成与水质变化的驱动机制解析

水体区域	河流名称	全长/km	流域范围
外海	老宝象河	10.00	自小板桥大街新村由宝象河分流，经过小板桥、官渡镇，最后在宝丰村汇入滇池
	宝象河	35.2	发源于宝象河水库，自东向西流经昆明东南郊的大板桥、阿拉、小板桥、官渡、六甲等乡镇，最终流入滇池
	马料河	15.85	发源于阿拉黄龙潭，官渡辖区内马料河流经矣六街道办事处的自卫、矣六、王官、五腊和关锁 5 个村委会汇入滇池
	洛龙河	11.50	发源于吴家营街道白龙潭，是贯穿城市东西向的主要入滇河道和主城的景观河道，在江苇村进入滇池
	捞渔河	15.04	发源于呈贡区松茂水库，其中大渔乡段 4 674 m（从月角村委会三板桥至滇池入口处）流经月角、大渔、大河 3 个村委会，属昆明市主要入滇河流
	南冲河	9.91	发源于呈贡区韶山水库，其中呈贡段长 7.5 km，晋宁段长 2.41 km
	淤泥河	9.75	与白鱼河起源于大河水库，在小寨分流，水量较小支流为淤泥河，较大支流与柴河一支流汇合，称为白鱼河，流经晋城、新街、上蒜至滇池
	白鱼河	30.80	发源于晋宁区化乐乡老君山北侧，向北流经干洞、黄家庄，在界牌村入大河水库，出库后向西北流，在小寨分洪闸处分流为两支：右支转北于石子河附近汇入淤泥河，左支向西北流经新庄、河湾，主干（白鱼河）经小新村后在下海埂村入滇池，全长 30.80 km
	柴河	14.11	发源于六街乡柴河水库，主要流经上蒜、六街 2 个乡镇
	茨巷河	4.38	位于晋宁区上蒜乡，是柴河下游河道，起点为小朴分洪闸，流经上蒜乡小朴村委会、立宇公司、昆明化肥厂、上蒜乡石将金集镇、牛恋村委会，终点为上蒜乡牛恋村委会小渔村，由小渔村流入滇池
	古城河	8.10	发源于昆阳镇汉云的牛洞箐，流经汉云、昆阳磷肥厂，由马鱼滩村流入滇池
	东大河	17.13	起源于晋宁区双龙水库与洛龙河水库，在兴旺村进入滇池
	护城河	5.11	由东大河普达闸分流，主要流经永乐大街等进入滇池

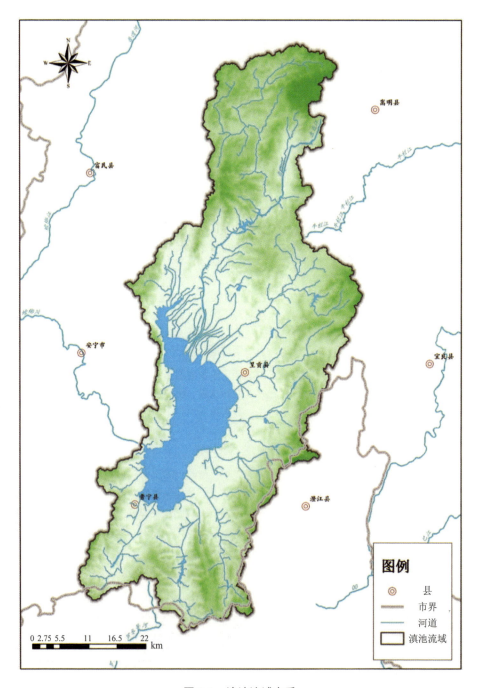

图 3-1 滇池流域水系

3.1.2 水资源状况

滇池流域属水资源缺少地区，且年际变化大，存在连续丰水、连续枯水、长周期变化的特点。流域内地下水水位较高，主要是浅层地下水，为孔隙水，孔隙水埋藏浅，与地表水交换密切。目前滇池流域水资源来源主要有4个方面：水库、滇池提灌、非常规水源（再生水、雨水等）、跨流域调水。

1. 水库

流域内已建成8座大中型水库，29座小（一）型水库，130座小（二）型水库。这些水库主要分为用于饮用水供给的集中式水源地和农业灌溉水库。其中饮用水水源地是滇池的主要清水供水来源，是保障滇池水资源利用安全的重要工程。滇池流域的水库往往具有多种功能，且在不同功能间转换，如农业灌溉与饮用水。滇池流域集中式饮用水水源地主要有主城区饮用水水源地松华坝水库、宝象河水库、自卫村水库、柴河水库和大河水库，以及晋宁区的双龙水库和洛武河水库。这些水库的总库容达到 3.03 亿 m^3，径流面积 873 km^2，占流域陆域面积的 1/3，年供水量为 2.36 亿 m^3（表3-2）。

表 3-2　滇池流域集中式水源地基本情况

供水区域	水源地	主体供水工程	总库容/万 m^3	径流面积/km^2	产水量/（万 m^3/a）	饮用水供水量/（万 m^3/a）	出库河流名称
主城区	松华坝水源保护区	松华坝水库	22 900	593	21 300	16 298	盘龙江
	柴河水库水源地	柴河水库	1 960	106.5	3 970	3 363	柴河
	大河水库水源地	大河水库	1 850	44	1 570	1 240	大河
	宝象河水库水源地	宝象河水库	2 070	67	1 858	1 368	宝象河
	自卫村水库水源地	自卫村水库	105			1 097	
晋宁区	双龙水库水源地	双龙水库	1 224	62	1 427	150	东大河
	洛武河水库水源地	洛武河水库	160			118	

2. 滇池提灌

滇池目前的水资源利用方式主要是灌溉。根据滇池流域基线调查数据，滇池沿湖提水灌溉的面积由1953年的4.6万亩[①]逐年递增至1980年的22万亩，此后直至1996年基本稳定在23万亩左右。1997年，宝象河水库向城市供水700万 m^3，1998年"2258"项目全部竣工后，每年向城区供水约4 200万 m^3，由原来宝象河、柴河和大河水库承担灌溉的部分农田面积改由滇池提灌解决，此面积约4万亩，直至2007年后云龙水库向昆明供水，宝象河、柴河和大河仍向城区供水。目前，滇池沿湖提水灌溉水量约为1.56亿 m^3/a。

3. 非常规水源

滇池的非常规水源主要包括再生水和雨水利用。全流域已建成484座再生水利用设施，总设计处理规模为27.47万 m^3/a，其中：集中式再生水处理站9座，分散式再生水利用设施475座。再生水的设计规模占污水处理厂污水处理量的20.9%，相对于滇池流域的中水回用目标（60%）尚有较大差距。目前再生水的主要利用途径是园林绿化和道路冲洗，使用方式较为单一，尚有较大的提升空间。

4. 跨流域调水

为解决水污染导致的优质水源短缺问题，滇池流域实施了大规模的跨流域调水工程。滇池流域人口密度大、经济活动活跃，也是水资源最为短缺和水污染问题最为严重的地区。在经济社会的巨大水资源需求和水污染导致的优质水缺少双重压力下，滇池流域开展了一系列的引水和节水工程。据统计，自"九五"以来，滇池流域共实施了14个外流域引水和节水类项目。目前主要的调水工程有掌鸠河引水供水工程、清水海引水供水工程和牛栏江—滇池补水工程。从2007年开始，滇池的跨流域调水量逐年上升，2015年调入水量达到7.9亿 m^3，是滇池多年平均出湖水量（4.26亿 m^3）的1.9倍。然而，相对于巨大的水资源需求和水污染压力，加之未来人口和经济的进一步增长，当前的调水工程无法满足昆

[①] 1亩≈0.67 hm^2。

明市的水资源需求,现在已经规划实施滇中调水工程,拟从金沙江调水入昆明等滇中地区。

5. 水土流失

根据《土壤侵蚀分类分级标准》(SL 190—2007),滇池流域水力侵蚀类型属于 I5 西南土石山区。基于 GIS 数据平台分析,目前滇池流域土壤侵蚀强度总体处于较低水平,流域大部分范围处于轻度侵蚀和微度侵蚀状态,处于轻度侵蚀的土地面积为 1 339.52 km²,占流域总面积的 45.92%;处于微度侵蚀的土地面积为 1 062.92 km²,占流域总面积的 36.43%;处于中度侵蚀和强度侵蚀的土地面积分别为 168.96 km² 和 2.645 km²,分别占流域总面积的 5.79% 和 0.09%(表 3-3)。

表 3-3 2014 年滇池流域土壤侵蚀强度情况

	微度侵蚀	轻度侵蚀	中度侵蚀	强度侵蚀	水域
模数/[t/(km²·a)]	<200	200~2 500	2 500~5 000	>5 000	0
面积/km²	1 062.92	1 339.52	168.96	2.645	343.34
占比/%	36.43	45.92	5.79	0.09	11.77

3.1.3 主要入湖口及其关联子流域范围确定

1. 子流域确定方法

基于区域数字高程模型(DEM)、流域水系和高分辨率遥感影像,采用 ArcGIS 软件的水文分析模块,对滇池外海陆域最小汇水单元——集水区进行计算机自动划分。在此基础上,结合流域河道现场调查相关资料和遥感影像的辅助分析,进行滇池外海陆域子流域及其汇水片区划分。

各级汇水单元的级别定义为滇池流域(一级)—外海陆域(二级)—子流域(三级)—汇水片区(四级)—集水区(最小汇水单元)。本次划分的汇水单元主要是子流域和汇水片区,子流域划分的技术路线如图 3-2 所示。

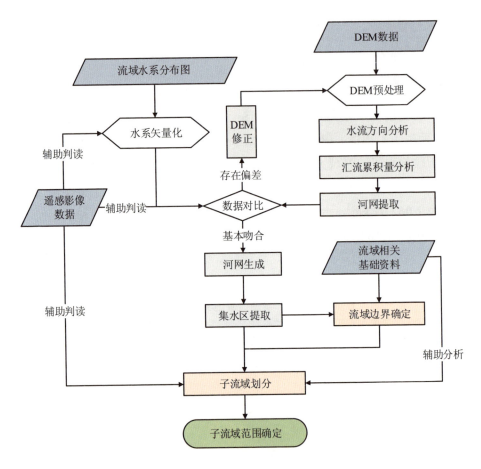

图 3-2　子流域划分技术路线

2. 关键步骤

入湖口及其关联子流域范围确定主要数据包括区域数字高程模型（DEM）数据、区域高分辨率遥感影像、流域水系分布图、流域水系现场调查相关资料等，关键的划分步骤主要有：

1）DEM 数据修正

DEM 数据是进行流域水系和汇水区（子流域）自动提取与划分的主要计算依据。由于滇池入湖河道下段经过地形平缓的流域坝区，基于区域 DEM 数据自动提取的结果往往与现实存在较大的偏差。因此，采用矢量化的流域水系数据对区域 DEM 数据进行修正，以消除由流域坝区地形相对平缓产生的水系自动提取偏差。DEM 数据修正是一个反复和不断完善的过程，直到利用修正后的 DEM 数据能自动提取出与主要入湖河道基本吻合的水系为止（图 3-3）。

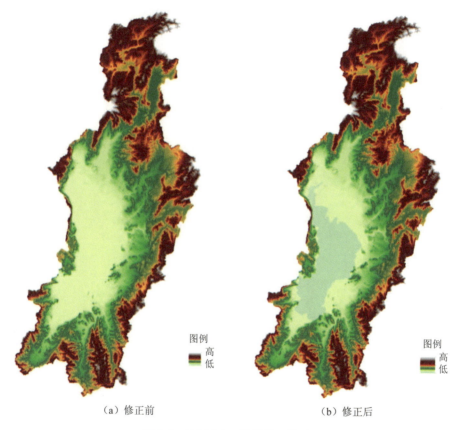

（a）修正前　　　　　　　　　　（b）修正后

图 3-3　流域 DEM 数据修正前后对比

2）集水区自动划分

基于修正的 DEM 数据，采用 ArcGIS 软件水文分析模块，进行滇池外海陆域集水区（最小汇水单元）的自动划分。自动划分主要流程为水流方向分析—汇流累积量分析—河网生成—集水区提取。集水区（最小汇水单元）范围的确定是整个流域边界、子流域、汇水片区级别划分的基础，其范围设定与研究尺度和目的有直接关系。滇池外海陆域集水区的范围确定以满足流域最小河道子流域为准。集水区自动划分结果如图 3-4 所示。

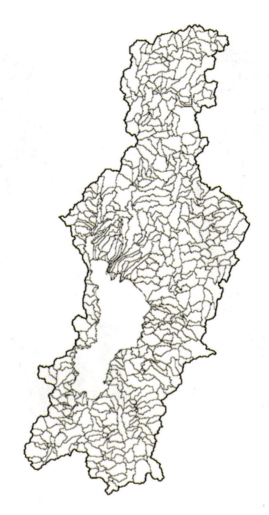

图 3-4 流域集水区自动划分结果

3）子流域与汇水片区划分

基于流域集水区（最小汇水单元）的划分结果，将外海陆域同一河道水系或同一入湖口划为一个子流域；子流域中存在上游水库，或有主要支流沟渠的河道子流域先进行汇水片区划分，再进行子流域划分。将没有河道或明显入湖口的滇池近岸区域划为沟渠区。滇池外海子流域划分结果如图3-5所示。

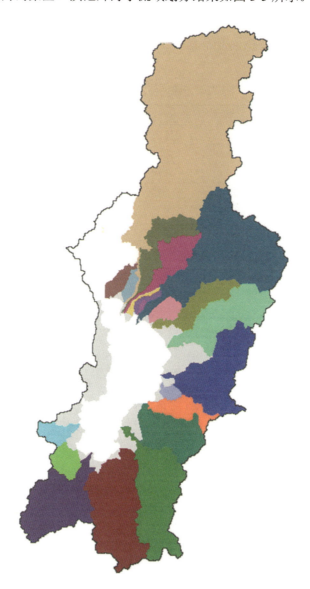

图 3-5 滇池外海子流域划分结果

3．子流域划分结果

通过上述划分方法与基础，将滇池外海陆域划分为 21 个子流域和 63 个汇水片区。划分结果详细信息见表 3-4。

表 3-4 滇池外海陆域子流域与汇水片区划分结果详细信息

序号	子流域	汇水片区	面积/km²	所属区域
1	采莲河系统	采莲河	15.2	外海北岸
		金柳河	4.3	外海北岸
2	金家河系统	正大河	4.0	外海北岸
		金家河	7.4	外海北岸
3	盘龙江系统	牧羊河	382.8	外海北岸
		冷水河	135.7	外海北岸
		松华坝水库	68.3	外海北岸
		盘龙江	109.9	外海北岸
4	大清河系统	源清水库	7.1	外海北岸
		金殿水库	10.7	外海北岸
		云山堰塘	7.8	外海北岸
		明通河	8.9	外海北岸
		大清河	1.6	外海北岸
		枧槽河—金汁河	36.7	外海北岸
5	海河系统	东白沙河水库	25.3	外海北岸
		东干渠	8.4	外海北岸
		海河	25.6	外海北岸
6	小清河系统	小清河—六甲宝象河—五甲宝象河	5.6	外海北岸
7	虾坝河系统	虾坝河	7.4	外海北岸
8	姚安河系统	姚安河	2.5	外海北岸
9	宝象河系统	二龙坝水库	30.9	外海北岸
		复兴水库	7.4	外海北岸
		宝象河水库	68.4	外海北岸
		铜牛寺水库	9.7	外海北岸
		新宝象河	171.7	外海北岸
		老宝象河	4.0	外海北岸
		彩云北路截洪沟	10.0	外海北岸

第 3 章 滇池流域污染源构成与水质变化的驱动机制解析

序号	子流域	汇水片区	面积/km²	所属区域
10	广普大沟系统	广普大沟	21.9	外海东岸
11	马料河系统	果林水库	27.1	外海东岸
		老马料河	1.3	外海东岸
		马料河	31.4	外海东岸
12	洛龙河系统	石龙坝水库	19.4	外海东岸
		瑶冲河	65.3	外海东岸
		白龙潭水库	7.3	外海东岸
		洛龙河	31.8	外海东岸
13	捞渔河系统	松茂水库	45.5	外海东岸
		梁王河	17.4	外海东岸
		横冲水库	26.2	外海东岸
		捞渔河	53.3	外海东岸
		关山水库	14.0	外海东岸
14	梁王河系统	梁王河左支	10.3	外海东岸
15	南冲河系统	南冲河	31.4	外海南岸
		韶山水库	12.4	外海南岸
16	淤泥河系统	淤泥河	50.3	外海南岸
		白云水库	15.0	外海南岸
		马鞍塘水库	18.6	外海南岸
		上游水库 1	1.8	外海南岸
		上游水库 2	8.9	外海南岸
17	白鱼河系统	白鱼河—大河	123.7	外海南岸
		大河水库	46.6	外海南岸
		上游水库	4.9	外海南岸
18	柴河系统	柴河—茨巷河	82.7	外海南岸
		大冲箐山水库	8.4	外海南岸
		柴河水库	105.1	外海南岸
19	东大河系统	双龙水库	34.6	外海南岸
		东大河	72.3	外海南岸
		洛武河水库	7.1	外海南岸
		大春河水库	14.4	外海南岸
		上游水库 1	8.4	外海南岸
		上游水库 2	8.1	外海南岸

序号	子流域	汇水片区	面积/km²	所属区域
20	中河系统	中河	30.6	外海南岸
21	古城河系统	古城河	24.1	外海南岸
		大竹箐水库	1.4	外海南岸
	小计		2 260.3	
22	沟渠区	—	189.8	

注：①外海北岸与东、南岸的划分以主城管网系统与环湖截污干渠覆盖区域为界，东岸与南岸的划分以环湖截污东岸干渠与南岸干渠覆盖区域为界。②六甲宝象河与五甲宝象河为区域高位河，故将两条河并入其中间的小清河子流域。

3.1.4 重点子流域的排口核查分析

核查沿湖及沿河的污染排口是控制滇池入湖负荷最重要的措施之一。目前沿湖及沿河地区多为城区，受雨季排口溢流的严重影响，水质退化明显，无法通过分散的工程治理手段解决河道水质退化和陆域排水系统问题，因此，需要精准地核查分析重点子流域的排口。为水质保护提供全面的、实用的和可更新的科学决策支撑。该研究进而以基础数据较完善的盘龙江试点片区作为示范，详细研究内容请参考《城市河流片区精准治污决策研究》一书。

3.2 流域污染源时空解析

3.2.1 流域污染负荷总体情况

1. 流域污染负荷入河量

表 3-5 为滇池流域 2017—2018 年各类污染负荷的入河量，流域 2017—2018 年 COD、NH_3-N、TN 和 TP 的入河量分别为 39 548.37 t/a、2 231.53 t/a、9 383.65 t/a、414.07 t/a。

表 3-5　2017—2018 年滇池流域入河污染负荷构成

污染源类型及占比		COD	NH₃-N	TN	TP
牛栏江补水	负荷量/（t/a）	3 739.94	71.86	1 642.92	41.68
	占比/%	9	3	18	10
主城区生活污染	负荷量/（t/a）	4 109.44	533.98	758.43	57.14
	占比/%	10	24	8	14
非主城区生活污染	负荷量/（t/a）	4 046.19	332.18	470.6	42.55
	占比/%	10	15	5	10
主城区污水处理厂尾水	负荷量/（t/a）	5 743.63	481.95	3 905.9	91.5
	占比/%	15	22	42	22
环湖污水处理厂尾水	负荷量/（t/a）	2 393.68	187.43	1 155.67	33.05
	占比/%	6	8	12	8
外流域地下水补给	负荷量/（t/a）	609.52	2.08	3.97	0.57
	占比/%	2	0	0	0
农田面源	负荷量/（t/a）	3 568.44	295.16	772.83	79.21
	占比/%	9	13	8	19
建设用地地表冲刷	负荷量/（t/a）	4 166.69	292.75	513.21	29.38
	占比/%	11	13	5	7
其他用地类型流失负荷	负荷量/（t/a）	11 170.84	34.14	160.14	38.99
	占比/%	28	2	2	9
合计/（t/a）		39 548.37	2 231.53	9 383.65	414.07
占比合计/%		100	100	100	100

根据滇池流域 2017—2018 年各污染负荷的构成情况，在 NH₃-N 的入河量中，污染负荷最大的 3 类污染源为主城区生活污染、主城区污水处理厂尾水和非主城区生活污染，占比分别为 24%、22%、15%；在 TP 的入河量中，污染负荷最大的 3 类污染源为主城区污水处理厂尾水、农田面源和主城区生活污染，占比分别为 22%、19%、14%；在 TN 的入河量中，污染负荷最大的 3 类污染源为主城区污水处理厂尾水、牛栏江补水和环湖污水处理厂尾水，占比分别为 42%、18%、12%；在 COD 的入河量中，污染负荷最大的 3 类污染源为其他用地类型流失负荷、主城区污水处理厂尾水和建设用地地表冲刷，占比分别为 28%、15%、11%。由此可见，2017—2018 年，滇池流域各类污染负荷入河量贡献最大的是主城区污水处理厂尾水，其次为主城区生活污染和农田面源。

2. 流域污染负荷入湖量

表 3-6 为滇池流域 2017—2018 年各类污染负荷的入湖量，可知滇池流域 2017—2018 年 COD、NH_3-N、TN 和 TP 的入湖量分别为 25 633.58 t/a、1 593.66 t/a、6 303.18 t/a、292.52 t/a。

表 3-6　2017—2018 年滇池流域入湖污染负荷构成

污染源类型及占比		COD	NH_3-N	TN	TP
牛栏江补水	负荷量/(t/a)	2 210.86	43.16	969.84	25
	占比/%	9	3	15	9
主城区生活污染	负荷量/(t/a)	3 123.85	394.92	563.73	43.21
	占比/%	12	25	9	15
非主城区生活污染	负荷量/(t/a)	2 764.22	204.41	292.97	26.97
	占比/%	11	13	5	9
主城区污水处理厂尾水	负荷量/(t/a)	2 540.25	200.37	1 576.13	43.2
	占比/%	10	13	25	15
环湖污水处理厂尾水	负荷量/(t/a)	2 172.05	165.83	1 053.7	30.3
	占比/%	8	10	17	10
外流域地下水补给	负荷量/(t/a)	314.89	1.05	2	0.29
	占比/%	1	0	0	0
农田面源	负荷量/(t/a)	1 984.63	192.4	506.09	54.73
	占比/%	8	12	8	19
建设用地地表冲刷	负荷量/(t/a)	2 966.96	199.14	349.22	20.58
	占比/%	12	12	6	7
其他子汇水区客水负荷	负荷量/(t/a)	4 550.17	14.89	67.81	15.28
	占比/%	18	1	1	5
其他用地类型流失负荷	负荷量/(t/a)	3 005.7	177.5	921.7	32.97
	占比/%	12	11	15	11
合计/(t/a)		25 633.58	1 593.66	6 303.18	292.52
占比合计/%		100	100	100	100

根据滇池流域 2017—2018 年各污染负荷入湖量的构成情况，NH_3-N 的入湖量中污染负荷最大的 3 类污染源为主城区生活污染、非主城区生活污染和主城区

污水处理厂尾水，占比分别为25%、13%、13%；TP的入湖量中污染负荷最大的3类污染源为农田面源、主城区生活污染和主城区污水处理厂尾水，占比分别为19%、15%、15%；TN的入湖量中污染负荷最大的3类污染源为主城区污水处理厂尾水、环湖污水处理厂尾水和牛栏江补水，占比分别为25%、17%、15%；COD的入湖量中污染负荷最大的3类污染源为其他子汇水区客水负荷、主城区生活污染和其他用地类型流失负荷，占比分别为18%、12%、12%。由此可见，2017—2018年，对滇池流域各类污染负荷入湖量贡献最大的是主城区污水处理厂尾水，其次为主城区生活污染。

3.2.2 流域污染负荷空间分布

统计滇池流域2017—2018年各入湖河道的年平均污染负荷量并进行排序，结果见表3-7。各污染物入湖负荷量最大的主要为盘龙江、大观河、新宝象河、西坝河、洛龙河、捞渔河、白鱼河、东大河、船房河、新运粮河、海河。其中盘龙江COD、NH_3-N、TN、TP的年均入湖量分别为4 051.55 t、258.04 t、1 324.45 t、48.99 t，占比分别为15.81%、16.19%、21.01%、16.75%；大观河的COD、NH_3-N、TN、TP年均入湖量分别为1 762.04 t、109.55 t、569.05 t、20.05 t，占比分别为6.87%、6.87%、9.03%、6.85%；新宝象河COD、NH_3-N、TN、TP的年均入湖量分别为3 068.65 t、163.45 t、706.36 t、24.62 t，占比分别为11.97%、10.26%、11.21%、8.42%；西坝河COD、NH_3-N、TN、TP的年均入湖量分别为1 176.94 t、74.15 t、369.92 t、13.31 t，占比分别为4.59%、4.65%、5.87%、4.55%。由此可知，盘龙江对滇池流域的入湖负荷贡献最大，其次为大观河和新宝象河。

表3-7 2017—2018年滇池流域各河道入湖负荷情况

河流	COD		NH_3-N		TN		TP	
	负荷量/t	占比/%	负荷量/t	占比/%	负荷量/t	占比/%	负荷量/t	占比/%
盘龙江	4 051.55	15.81	258.04	16.19	1 324.45	21.01	48.99	16.75
大观河	1 762.04	6.87	109.55	6.87	569.05	9.03	20.05	6.85
新宝象河	3 068.65	11.97	163.45	10.26	706.36	11.21	24.62	8.42
西坝河	1 176.94	4.59	74.15	4.65	369.92	5.87	13.31	4.55
洛龙河	1 344.37	5.24	53.52	3.36	91.43	1.45	7.15	2.44
捞渔河	1 083.64	4.23	39.86	2.50	143.50	2.28	7.06	2.41

河流	COD		NH₃-N		TN		TP	
	负荷量/t	占比/%	负荷量/t	占比/%	负荷量/t	占比/%	负荷量/t	占比/%
东大河	920.42	3.59	37.45	2.35	152.79	2.42	9.78	3.34
白鱼河	1 344.32	5.24	39.10	2.45	175.38	2.78	14.34	4.90
船房河	609.53	2.38	26.85	1.69	302.24	4.79	4.68	1.60
新运粮河	1 087.69	4.24	79.49	4.99	215.13	3.41	12.42	4.24
海河	1 471.72	5.74	137.75	8.64	332.33	5.27	26.47	9.05
清水大沟	412.28	1.61	55.68	3.49	300.88	4.77	7.96	2.72
老运粮河	607.75	2.37	42.33	2.66	284.88	4.52	8.51	2.91
茨巷河	543.92	2.12	17.51	1.10	50.50	0.80	5.67	1.94
淤泥河	440.89	1.72	36.68	2.30	199.70	3.17	14.14	4.83
南冲河	425.70	1.66	18.57	1.17	43.82	0.70	4.34	1.48
中河	421.03	1.64	18.45	1.16	68.49	1.09	4.72	1.61
马料河	754.81	2.94	46.65	2.93	162.07	2.57	7.20	2.46
大清河	286.52	1.12	15.43	0.97	128.03	2.03	5.28	1.81
老宝象河	355.35	1.39	25.70	1.61	47.14	0.75	3.05	1.04
古城河	213.71	0.83	7.91	0.50	22.24	0.35	2.38	0.81
沟渠 28	68.41	0.27	8.68	0.54	26.13	0.41	3.26	1.11
广普大沟	486.34	1.90	57.38	3.60	84.22	1.34	5.62	1.92
乌龙河	137.60	0.54	11.50	0.72	85.58	1.36	1.44	0.49
正大金汁	167.71	0.65	14.90	0.94	23.75	0.38	1.59	0.54
水龙沟	321.27	1.25	32.99	2.07	86.77	1.38	3.25	1.11
梁王河	164.92	0.64	20.53	1.29	27.86	0.44	1.55	0.53
沟渠 4	170.19	0.66	6.33	0.40	13.59	0.22	1.57	0.54
王家堆渠	291.19	1.14	33.33	2.09	50.04	0.79	3.69	1.26
沟渠 19	56.34	0.22	1.78	0.11	16.50	0.26	1.29	0.44
采莲河	88.00	0.34	6.80	0.43	19.64	0.31	1.13	0.39
六甲宝象河	84.40	0.33	8.99	0.56	13.79	0.22	0.93	0.32
虾坝河	76.42	0.30	7.36	0.46	11.44	0.18	0.76	0.26
沟渠 2	89.20	0.35	3.01	0.19	6.40	0.10	0.75	0.26
沟渠 6	82.13	0.32	9.04	0.57	27.05	0.43	3.29	1.12
沟渠 5	73.15	0.29	2.56	0.16	5.54	0.09	0.58	0.20
小清河	115.21	0.45	12.63	0.79	19.36	0.31	1.30	0.45
沟渠 25	78.49	0.31	8.21	0.52	12.69	0.20	0.90	0.31
沟渠 1	87.43	0.34	3.68	0.23	7.77	0.12	0.90	0.31
沟渠 17	69.62	0.27	3.25	0.20	5.95	0.09	0.63	0.22
沟渠 3	51.00	0.20	2.01	0.13	4.67	0.07	0.56	0.19
沟渠 18	33.26	0.13	1.18	0.07	2.94	0.05	0.29	0.10

河流	COD		NH₃-N		TN		TP	
	负荷量/t	占比/%	负荷量/t	占比/%	负荷量/t	占比/%	负荷量/t	占比/%
沟渠23	22.78	0.09	0.96	0.06	5.79	0.09	0.46	0.16
沟渠27	93.26	0.36	11.12	0.70	16.58	0.26	1.17	0.40
沟渠20	25.64	0.10	1.43	0.09	4.00	0.06	0.41	0.14
姚安河	25.84	0.10	2.18	0.14	3.46	0.05	0.22	0.08
沟渠21	20.29	0.08	0.71	0.04	1.99	0.03	0.17	0.06
沟渠16	24.80	0.10	0.90	0.06	2.03	0.03	0.23	0.08
沟渠22	20.97	0.08	1.55	0.10	4.64	0.07	0.58	0.20
新河	26.29	0.10	4.20	0.26	5.32	0.08	0.27	0.09
沟渠10	28.36	0.11	0.89	0.06	1.86	0.03	0.20	0.07
沟渠8	42.07	0.16	1.41	0.09	2.47	0.04	0.30	0.10
沟渠24	22.69	0.09	1.67	0.10	2.37	0.04	0.17	0.06
沟渠26	6.82	0.03	0.36	0.02	0.67	0.01	0.04	0.01
沟渠9	20.27	0.08	0.62	0.04	1.09	0.02	0.12	0.04
沟渠14	15.06	0.06	0.64	0.04	1.22	0.02	0.14	0.05
沟渠12	12.21	0.05	0.46	0.03	0.88	0.01	0.10	0.03
沟渠15	8.54	0.03	0.32	0.02	0.70	0.01	0.08	0.03
沟渠7	26.68	0.10	3.33	0.21	4.90	0.08	0.34	0.12
沟渠11	10.57	0.04	0.46	0.03	0.88	0.01	0.10	0.03
沟渠13	5.32	0.02	0.18	0.01	0.32	0.01	0.04	0.01

附表为滇池流域主要入湖河道 2017—2018 年各类污染负荷的构成情况。盘龙江 COD、TN、TP 的主要来源是牛栏江补水，占比分别为 54.57%、73.23%、51.03%，NH_3-N 的主要来源是主城区污水处理厂尾水（45%）。大观河 COD、NH_3-N、TN、TP 均来自其他子汇水区的负荷，占比分别为 93.09%、89.41%、93.97%、92.56%。新宝象河 COD、NH_3-N、TP 的来源较为分散，TN 主要来源为主城区污水处理厂尾水（59.30%）。西坝河 COD、NH_3-N、TN、TP 均来自其他子汇水区客水负荷，占比分别为 92.83%、87.84%、96.29%、92.99%。洛龙河 COD、NH_3-N、TN、TP 的来源较为分散。捞渔河 COD 主要来源于其他用地类型流失负荷（46.51%）；NH_3-N 主要来源于农田面源（35.91%）；TN、TP 主要来源于环湖污水处理厂尾水，占比分别为 59.01%、30.37%。白鱼河 COD 主要来源于其他用地类型流失负荷（54.17%）；NH_3-N、TP 主要来源于农田面源，占比分别为 38.77%、52.46%；TN 主要来源于环湖污水处理厂尾水（47.79%）。东大河 COD 主要来源

于其他用地类型流失负荷（37.54%）；TP 主要来源于农田面源（50.56%）；NH₃-N、TN 主要来源于环湖污水处理厂尾水，占比分别为 45.53%、61.42%。船房河 COD、TN、TP 主要来源于主城区污水处理厂尾水，占比分别为 75.39%、91.51%、62.36%；NH₃-N 主要来源于主城区生活污染（51.02%）。新运粮河 COD、NH₃-N、TP 主要来源于主城区生活污染，占比分别为 22.86%、42.45%、27.21%；TN 主要来源于主城区污水处理厂尾水（45.29%）。海河 COD、NH₃-N、TN、TP 主要来源为主城区生活污染，占比分别为 58.19%、78.48%、49.20%、43.17%。

因此，对主要入湖河道而言，COD 主要来源于其他用地类型流失负荷，NH₃-N 主要来源于主城区生活污染，TN、TP 主要来源于主城区污水处理厂尾水。滇池流域北侧河道（尤其是盘龙江、大观河和新宝象河）对 COD、NH₃-N、TN、TP 的入湖量贡献均较大，西侧沟渠区对 COD、NH₃-N、TN、TP 的贡献量均最小，南侧 COD 入湖量较大，白鱼河和淤泥河 TP 入湖量较大。

3.2.3 流域污染负荷的时间分布

图 3-6 为外海 2017—2018 年入湖负荷的年内变化，可知外海流域各类污染物的入湖负荷具有明显季节性变化，雨季（5—10 月）入湖负荷显著高于旱季（11 月至次年 4 月）。

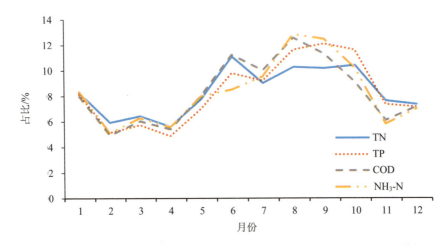

图 3-6　2017—2018 年外海入湖负荷月际变化

3.3 滇池水质变化的内外部驱动机制分析

3.3.1 氮磷通量过程量化

基于 2.3.3 小节的通量核算方法，对滇池氮磷的外源输入与内循环关键过程进行量化分析，揭示了 2012—2018 年不同营养盐的月通量变化规律。

如图 3-7 所示，外源河流流入量和底泥释放量是湖水 N、P 的主要来源，分别占 N、P 总输入量的 85%~96% 和 56%~98%。作为最大的输入源，入湖河流 N 和 P 的通量分别为 4 360.5~6 344.7 t/a 和 181.2~290.5 t/a，分别占 TN 和 TP 输入量的 47%~81% 和 20%~68%。底泥释放通量次之，N 和 P 释放量分别为 516.5~4 046.8 t/a 和 76.6~430.3 t/a，分别占 TN 和 TP 输入量的 9%~43% 和 17%~48%。底泥释放通量在雨季增加，分别提高为 N 和 P 输入总量的 12%~44% 和 25%~75%。底泥再悬浮、大气沉降和固氮作用对 N、P 总输入通量的贡献小于 10%。

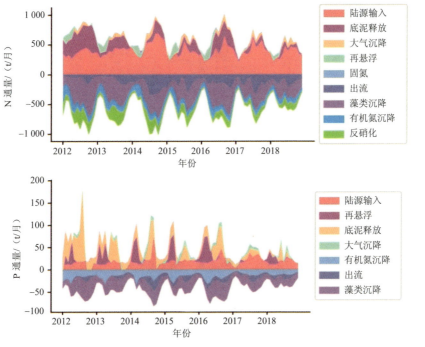

图 3-7　外海 N、P 的通量变化过程（2012—2018 年）

2012—2018 年，藻类沉降是 N 和 P 最主要的输出通量，分别为 2 395.4～4 517.6 t/a 和 187.2～376.1 t/a，分别占 N、P 总输出通量的 34%～51%和 33%～50%。PON 和 POP 沉降量是第二大输出通量，分别为 784.5～1 623.7 t/a 和 105.5～212 t/a，分别占 N、P 总输出通量的 12%～18%和 22%～28%。总之，沉降是 N、P 最大的输出通量，占总输出通量的 50%～74%，且雨季高于旱季，可能由于雨季浮游植物快速生长繁殖，死亡腐烂后导致沉降量增加（Wang et al.，2019a）。

此外，N 和 P 的过程通量呈显著的季节性变化（$p<0.05$，$n=42$）（图 3-8）。N、P 的入湖河流流入通量、底泥释放通量和藻类沉降通量在雨季是旱季的 2 倍，而再悬浮通量和底泥吸附通量在旱季是雨季的 5～10 倍。底泥 P 交换通量从旱季的汇（20.7～217.4 t/a，占总输出通量的 11%～43%）转变为雨季的源（71.3～430.3 t/a，占总输入通量的 25%～75%）。这一现象已在太湖梅梁湾沉积物释放可溶活性磷的实验中得到证实（Ding et al.，2018），夏季沉积物 P 释放速率明显高于其他季节。与旱季相比，雨季滇池的反硝化通量增加了 1.7 倍。

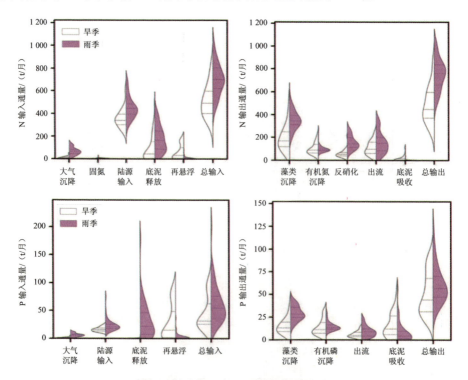

图 3-8　外海 N、P 通量的季节变化

2012—2018 年湖泊 N、P 通量的时间变化特征表明,N、P 的总输入和总输出通量均呈逐年下降趋势。N、P 的总输出通量略高于总输入通量,这可以解释近年来水体 TP、TN 浓度逐年下降的现象。作为 N 和 P 最主要的两种输入通量,河流流入通量和底泥释放通量随时间变化趋势存在明显的差异。与 2003 年河流流入滇池的 N(5 370 t/a)和 P(359.5 t/a)的通量相比(Zou et al.,2020),2012 年河流流入通量下降了 20%,随后 2012—2018 年,河流流入通量保持相对稳定,2014 年由于极端降雨造成的高值除外。由此说明,2012 年以后外源负荷得到有效的控制,滇池进入了稳定恢复期。2012—2018 年,底泥 N、P 释放通量显著下降,达 81%(平均每年 14%);大气 N、P 沉降保持相对稳定;再悬浮通量和固氮作用均较低,且波动范围较小。对于 N 和 P 的输出通量而言,藻类沉降、PON 和 POP 沉降以及底泥吸附 N、P 通量等内部过程,2012—2018 年降低了 43%~47%(平均每年降低 8%~13%)。2012—2018 年,N、P 的河流流出通量略有增加,但波动幅度较小;反硝化通量下降了 53%(平均每年下降 11%),这也证实了滇池水质在逐年改善,因为在藻类生物量增加的富营养化湖泊中,反硝化作用往往更强(Saunders and Kalff,2001)。

3.3.2　N、P 通量变化的趋势识别

利用局部加权回归(LOESS)季节性趋势识别分析营养盐通量过程变化。在滇池整个水生态系统中,N、P 通量的交换界面包括陆地—水界面(包括流入和流出通量)、大气—水界面(包括大气沉降、固氮和反硝化)和沉积物—水界面(包括底泥吸附/释放和沉降/再悬浮)。2012—2018 年,在陆地—水界面,N 和 P 的河流流入和流出通量的变化趋势基本稳定不变;因此,陆地—水界面的净入湖通量也相对稳定。在大气—水界面,反硝化通量 2012—2018 年呈总体下降趋势,而固氮作用和大气 N、P 沉降保持相对稳定,因此,N 在大气—水界面的净通量总体上呈长期下降的趋势,而 P 的净通量呈长期稳定不变的趋势。在沉积物—水界面,底泥 N、P 释放通量、藻类沉降通量、PON 和 POP 沉降通量 2012—2018 年呈大幅下降趋势,N 和 P 再悬浮通量保持稳定,由此可见,沉积物"汇"的作用和底泥 N、P 释放的潜在风险 2012—2018 年逐年下降(图 3-9)。

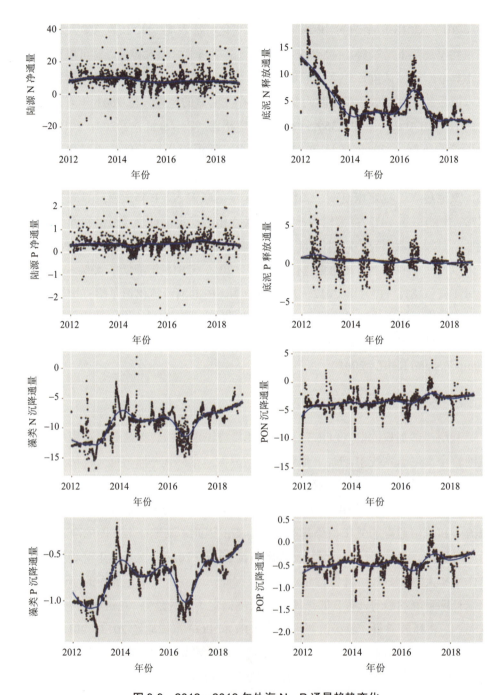

图3-9 2012—2018年外海N、P通量趋势变化

3.3.3 N、P 通量过程对水质变化的影响分析

基于选定的水质变量对不同营养盐通量过程的响应，阐明不同营养盐通量对水质的影响。相关分析结果表明（图 3-10），底泥 N、P 释放通量和沉降通量分别与营养物（Chla、TN 和 TP）浓度呈显著正相关（$p<0.01$，$n=84$）。2012—2018 年，陆地—水界面和大气—水界面的外部净通量相对稳定，与水质指标无显著相关性。而沉积物—水界面的内部通量无论在年还是旱季和雨季的时间尺度上，均与水质指标呈现很强的相关性。

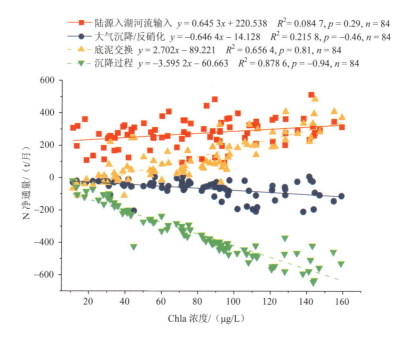

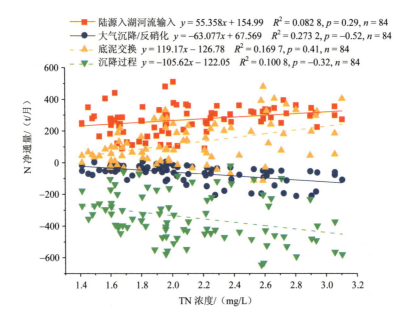

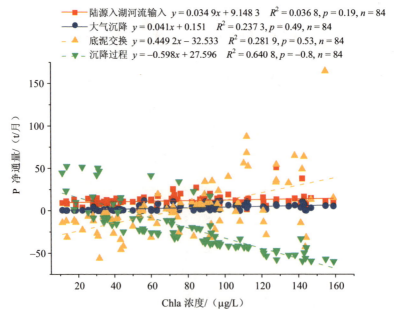

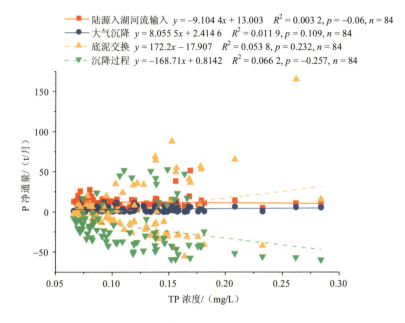

图 3-10 水体指标浓度与营养盐通量之间的关系

7 年时间尺度（2012—2018 年）的营养盐通量与水质指标结合的 GAM 模型（广义线性加模型）量化了滇池内部和外部营养盐通量对水体 Chla、TN 和 TP 变化的影响贡献（表 3-8）。结果表明，沉降通量、底泥释放通量和反硝化通量为模型中最重要的解释变量（$p<0.001$），特别是藻类沉降通量能解释水体 Chla 浓度变化的 97.3%~99.1%。而 PON 沉降通量、反硝化通量和底泥氮释放通量是影响湖泊 TN 浓度变化的主要因素，分别解释了湖泊 TN 变化的 46.3%、30.1% 和 29.4%。同样，藻类磷沉降通量、底泥磷释放通量和 POP 沉降通量可分别解释 TP 浓度变化的 66.3%、54.1% 和 42.2%。基于 GAM 解释变量的年结果与旱季和雨季的分析结果一致，进一步证实滇池水质变化与沉积物—水界面交换通量存在强烈的非线性响应关系。2012—2018 年，TN 和 TP 浓度呈逐年下降趋势，主要归因于显著降低的底泥释放通量和沉降通量，进而表明沉积物内部通量与水质变化之间存在正响应关系。

表 3-8　GAM 拟合 2012—2018 年滇池营养盐浓度与主要过程通量之间的响应关系

响应变量	解释变量	自由度	F	p	方差解释率/%	R^2
叶绿素 a	藻 P 沉降	7.720	990.90	$<2\times10^{-16}$ ***	99.1	0.990
	藻 N 沉降	6.105	379.60	$<2\times10^{-16}$ ***	97.3	0.971
	底泥 N 释放	3.225	33.93	$<2\times10^{-16}$ ***	63.9	0.624
	POP 沉降	7.363	5.98	2.98×10^{-6} ***	42.0	0.364
	PON 沉降	7.544	3.89	0.000 658 ***	33.1	0.283
	底泥 P 释放	5.586	5.48	6.61×10^{-5} ***	33.1	0.283
	陆源 N 输入	1.773	7.86	0.000 621 ***	18.2	0.165
	陆源 P 输入	1.746	5.50	0.005 3 **	13.4	0.116
TN	PON 沉降	5.946	8.83	2.15×10^{-8} ***	46.3	0.421
	反硝化作用	4.982	4.99	0.000 193 ***	30.1	0.256
	底泥 N 释放	3.896	6.14	7.54×10^{-5} ***	29.4	0.259
	藻 N 沉降	2.760	5.34	0.001 62 **	20.1	0.174
	陆源 N 输入	1.562	0.39	0.707	1.7	0.001
TP	藻 P 沉降	6.031	12.18	1.27×10^{-11} ***	66.3	0.646
	底泥 P 释放	5.973	12.15	1.47×10^{-11} ***	54.1	0.505
	POP 沉降	4.744	9.37	7.97×10^{-8} ***	42.2	0.387
	陆源 P 输入	1.683	0.78	0.455	2.9	0.009

注：**表示 $p \leqslant 0.01$，***表示 $p \leqslant 0.001$。

3.3.4　通量结果讨论

近 20 年以来，流域的快速城市化和工业化导致湖泊污染负荷迅速增加，湖泊富营养化程度加重。"十一五"以来，国家实施了强有力的污染减排措施（Tong et al., 2017）。如前所述，2003—2018 年，滇池水质明显改善，然而，要进一步将营养盐浓度降低到地表Ⅲ类水以达到水质目标，仍然存在挑战。越来越多的研究表明，沉积物内源负荷的增加极大地制约了富营养化湖泊对外源营养负荷削减策略的响应程度和恢复时间（Wang et al., 2019b；Yang et al., 2020），在一定程度上可抵消外源负荷降低对水生态系统产生的正面影响（Schindler et al., 2016）。

有研究认为，即使已采取外部负荷的有效控制措施，富营养化湖泊中沉积物内部营养盐循环仍会使湖泊水质恶化多年，并延缓富营养化湖泊的修复（Burger et al.，2008；Sondergaard et al.，2013；Tammeorg et al.，2016）。因此，越来越多的治理措施聚焦于消除沉积物—水界面的内源负荷，如沉积物覆盖修复、沉积物疏浚以及生态恢复（Lewis Jr et al.，2011；Liu et al.，2016；Wen et al.，2020）。而通过三维营养盐通量模型，对富营养化湖泊的外部通量、内部循环过程和水质动态变化之间的耦合关系提出了新的见解。

针对滇池水体不同交换界面 2012—2018 年的净通量动态变化进行了评估（图 3-11）。陆地—水界面和沉积物—水界面的净通量是水体 N 和 P 的两个主要来源，而大气—水界面的净通量相对较低，甚至接近于零。沉积物—水界面的净通量包括底泥对溶解态营养盐的吸附/释放和颗粒物沉降/沉积物再悬浮；负值表示底泥吸附或颗粒物沉降，正值表示底泥释放或沉积物再悬浮。在陆地—水界面，外源 N 和 P 净通量 2012—2018 年保持稳定，而此时沉积物—水界面底泥释放净通量和沉降净通量分别下降了 81%～98%和 37%～48%。对应水体 TN 和 TP 浓度无论在年尺度还是旱季和雨季季节尺度均呈显著逐年下降趋势（$p<0.01$）。相关研究也揭示了当外源 N 负荷降低 90%时，底泥 N 通量从 7.63 g/($m^2·a$)下降到 3.20 g/($m^2·a$)（Wu et al.，2020）。此外，基于 GAM 模型分析，内部通量与湖泊水质之间存在显著的正反馈关系。因此，外源负荷降低策略中可以获得正向积极的预期效果。2003—2012 年滇池外源负荷的大幅下降推动了 2012 年之后 N、P 内部循环的正演替。此研究结果不只适用于滇池，在太湖也发现了同样的规律（Wang et al.，2019b），即基于营养物浓度和通量过程的时间变化关系表明经过多年努力削减太湖陆源营养盐负荷，外源负荷与内部沉积物通量相比较小，且年际间波动较小；2007—2016 年，随着外源负荷的降低，太湖的 N、P 浓度以及相应的沉积物交换通量均显著降低。

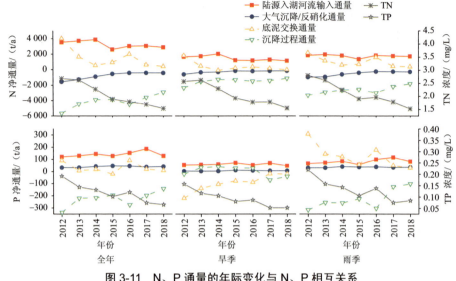

图 3-11　N、P 通量的年际变化与 N、P 相互关系

由外源负荷降低所驱动的内部通量和水质之间正反馈循环机制解释如下：长期有效地控制湖泊外源负荷可以显著降低水体中 N、P 浓度，藻类吸收的 N、P 降低导致藻类生长受阻，藻类死亡沉降量降低，从而降低了沉积物—水界面的浓度梯度，最终导致底泥 N、P 的释放通量降低，水质得到改善。因此，在外源负荷降低或被阻断以后，藻类沉降通量和底泥释放通量的降低促进了水质改善的良性循环。此外，水环境的改善也会抑制底泥 N、P 释放。例如，2012—2018 年 DO 浓度显著增加，且与底泥 N、P 的释放通量呈显著负相关（$p<0.05$，$n=84$）。先前的研究也已证实，高浓度的 DO 不利于沉积物中 N、P 的释放（Sondergaard et al., 2013；Wang et al., 2016b）。

除了年际变化特征外，从旱季到雨季的季节性变化特征也揭示了由外源驱动的内循环正反馈机制（图 3-12）。雨季降水量增加导致面源污染增加，N、P 外源流入通量是旱季的 2 倍，同时带动了滇池内部沉降通量增加 40.5%～46.4%，底泥释放通量增加 1.4～2.4 倍，最终导致雨季藻类生物量翻倍。此外，外源流入通量分别与底泥释放通量、沉降通量和叶绿素浓度呈显著正相关（$p<0.05$）。此结果同样适用于太湖，从旱季到雨季，随着外源 N、P 负荷的增加，沉积物中 N、P 交换通量同步增加，促进了藻类的快速生长繁殖。

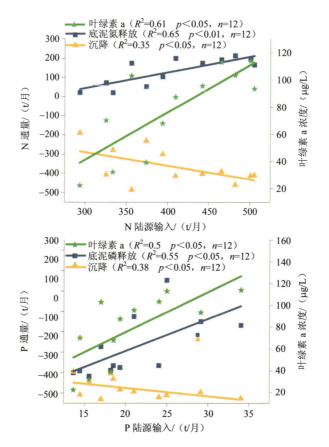

图 3-12　N、P 通量的年内波动与叶绿素 a 的相互关系

从旱季到雨季，由外源营养盐负荷增加所驱动的内部营养盐正反馈循环机制解释如下（图 3-13）：首先，外源流入通量增加导致水体 N、P 浓度增加，满足了藻类暴发的需求；其次，藻类暴发会增加藻类死亡沉降量，从而增加底泥 N、P 释放潜力，在雨季适宜的温度等环境条件下，促进底泥内源释放 N、P 增加，进而维持较高的藻类生物量，导致水体进一步恶化。因此，外源通量增加是水质进一步恶化的导火索。需要打破营养通量和水质之间的恶性循环，以防止持续的藻华暴发。特别需要注意的是，沉降过程是滇池所有输出通量中最关键的过程，其占总输出通量的 50%以上；沉降也是影响 N、P 和 Chla 浓度最重要的因素，但其在以往的研究中往往被忽视（Janssen et al.，2017；Wang et al.，2020）。在巢湖、Pihkva

湖和 Peipsi 湖等其他富营养化湖泊中，同样发现较高的外源和内源 N、P 通量以及较高的沉降速率（Tammeorg et al.，2015；Duan et al.，2017；Liu et al.，2017）。有机物的沉降作用会消耗水体 DO（Sondergaard et al.，2013），进而导致底泥释放通量和反硝化通量增加。因此，雨季较高的藻类沉降通量可能是维持较高的底泥释放通量的主要原因（Burger，2006）；此外，在雨季，水温升高可增强微生物活动，从而促进底泥释放通量（Yang et al.，2020）。

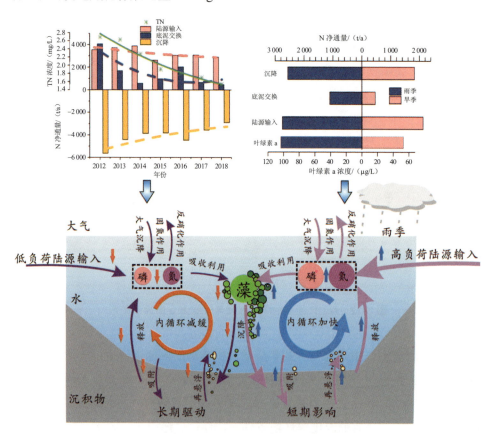

图 3-13 滇池 N、P 变化的长短期机制

因此，由外源负荷驱动的内部通量正反馈可调节水质的变化。为了控制湖泊的富营养化，降低或阻断外源负荷仍然是我国水环境治理的首要任务。如果外源负荷得不到有效控制，仅仅通过控制内部通量所产生的治理效果可能受限，并且

会付出高昂的治理代价。先前的研究也曾指出，在较高的外源负荷条件下，即使经过底泥疏浚后，沉积物不久后也会重新变成磷源，重新恢复较高的 P 释放量（Liu et al.，2019；Kiani et al.，2020；Hanson et al.，2020）。因此，为了探究营养盐通量与水质的长期动态变化，更全面地认识营养盐通量与水质的耦合关系，有必要对更多修复中的富营养化湖泊进行更长期的连续追踪研究。

3.4 小结

滇池的入湖河流较多，水系复杂，涵盖河流、水库等自然水体与河湖提灌、再生水、跨流域调水等人为取排水，因此，将滇池整个流域划分为 21 个子流域、63 个汇水片区、390 个集水区。经统计，COD 的入河量为 39 548 t/a，主要来自污水处理厂尾水排放和面源生活污染；TP 的入河量为 414 t/a，主要来自污水处理厂尾水排放和农业面源；TN 的入河量为 9 384 t/a，主要来自污水处理厂尾水排放和牛栏江补水；NH_3-N 的入河量为 2 232 t/a，主要来自污水处理厂尾水排放和面源污染。COD 的入湖量为 25 634 t/a，主要来自客水负荷和面源生活污染；TP 的入湖量为 293 t/a，主要来自农田面源和面源生活污染；TN 的入湖量为 6 303 t/a，主要来自污水处理厂尾水排放和牛栏江补水；NH_3-N 的入湖量为 1 594 t/a，主要来自面源生活污染和污水处理厂尾水排放。空间上，负荷较大的是盘龙江（含牛栏江补水）、新宝象河和海河；时间上，雨季（5—10 月）负荷显著高于旱季。

外源河流流入量和底泥释放量是 N、P 总输入量的主要来源，分别占 N、P 总输入量的 85%～96%和 56%～98%；藻类沉降是 N 和 P 最主要的输出通量，分别占 N、P 总输出通量的 34%～51%和 33%～50%。各项输入/输出通量在旱季和雨季的差异较大，其中沉积物—水界面的年通量过程不断降低。采用 GAM 模型发现藻类沉降通量能解释水体 Chla 浓度变化的 97.3%～99.1%，PON 沉降通量、反硝化通量和底泥 N 释放通量是影响湖泊 TN 浓度变化的主要因素，而藻类 P 沉降通量、底泥 P 释放通量和 POP 沉降通量是影响湖泊 TP 浓度变化的主要因素，TN 和 TP 浓度呈逐年下降趋势主要归因于显著降低的底泥释放通量和沉降通量。由外源负荷驱动的内部通量正反馈可调节水质的变化，为了控制湖泊的富营养化，降低或阻断外源负荷仍然是我国水环境治理的首要任务。

第4章 流域重点治理工程的滇池水质影响评估

4.1 重点工程污染负荷削减量核算

4.1.1 重点工程分类与布局

核算范围为滇池流域已建和在建重点工程设施，包括控源截污、水量调度、生态修复、内源治理四大类工程；其中，控源截污类主要指流域"厂池站网"建设工程，水量调度类包括尾水外排工程和牛栏江—滇池补水工程，生态修复类主要包括生态修复与湿地建设工程，内源治理类包括底泥疏浚和蓝藻打捞工程等。滇池流域已建和在建重点工程设施见表4-1。

表4-1 滇池流域已建和在建的主要工程设施

类别	分类	工程项目
控源截污	污水雨水处理厂	第一污水处理厂
		第二污水处理厂
		第三污水处理厂
		第四污水处理厂
		第五污水处理厂
		第六污水处理厂
		第七污水处理厂、第八污水处理厂
		第九污水处理厂

第4章 流域重点治理工程的滇池水质影响评估

类别	分类	工程项目
控源截污	污水雨水处理厂	第十污水处理厂
		第十一污水处理厂
		第十三污水处理厂（"十三五"在建）
		第十四污水处理厂（"十三五"在建）
		普照污水处理厂
		倪家营污水处理厂
		呈贡区污水处理厂
		晋宁区污水处理厂
		洛龙河（污、雨）处理厂
		捞渔河（污、雨）处理厂
		淤泥河处理厂
		白鱼河处理厂
		古城河处理厂
		昆阳处理厂
		白鱼口处理厂
		海口处理厂
	管网	昆明主城雨污分流次干管及支管配套建设工程
		昆明主城西片排水管网完善工程（二环路外五华区）
		昆明主城西片排水管网完善工程（二环路外西山区）
		昆明主城西片排水管网完善工程（二环路外高新区）
		昆明主城南片排水管网完善工程（二环路外西山区）
		昆明主城南片排水管网完善工程（二环路外度假区）
		昆明主城二环外北片排水管网（二环外五华区）
		昆明主城二环外北片排水管网（二环外盘龙区）
		昆明主城东南片排水管网完善工程（二环路外官渡区）
		昆明主城东南片排水管网完善工程（二环路盘龙区）
		环湖截污东岸配套收集系统完善项目
		环湖截污南岸配套收集系统完善项目
		滇池北岸水环境综合整治工程（管网）
		滇池环湖干渠（管）截污工程（管渠）
		昆明市主城老旧排水管网及泵站改造工程（"十三五"在建）
	调蓄池	昆明主城老城区东南片市政排水管网及调蓄池建设工程
		昆明主城老城区东北片市政排水管网及调蓄池建设工程
		昆明主城老城区西南片市政排水管网及调蓄池建设工程
		昆明主城老城区西北片市政排水管网及调蓄池建设工程
		昆明主城西片区调蓄池工程
		昆明主城调蓄池挖潜增效应急试验示范工程

类别	分类	工程项目
水量调度	水量调度	牛栏江补水滇池入湖通道建设项目
		污水处理厂尾水外排及资源化利用建设工程
		滇池外海北部水体置换通道提升改造工程
生态修复	生态湿地	滇池外海环湖湿地建设"四退三还"工程
		滇池环湖生态经济试验区生态建设工程
		滇池斗南湿地建设工程("十三五"在建)
		滇池王家堆湿地工程("十四五"规划)
内源治理	清淤工程	滇池外海主要入湖河口及重点区域底泥疏浚(一期、二期、三期)工程
		盘龙江中下段应急清淤工程
		昆明市中心城区防汛排水管渠应急清淤维护工程
		主城排水管网系统清淤除障项目("十三五"在建)
	蓝藻处置	滇池蓝藻治理及应急工程("十二五"建设)
		滇池重点区域蓝藻打捞处置工程("十三五"在建)

4.1.2 工程的负荷削减量核算

1. 控源截污

控源截污工程主要包括厂、池、站、网 4 个方面的工程,共 45 个项目,分为已建和在建 2 个部分单独核算。

1)已建控源截污工程污染负荷削减量

(1)核算对象。

由于排水管网、泵站、调蓄池建设的主要功能是收集、调度污水处理厂上游污水,目的是提高滇池流域污水收集率,减少污水溢流,增加污水处理厂进水量,从而提升污水处理厂污染负荷削减能力;污泥处置工程属于污水处理厂削减能力的保障措施,不产生新的入湖污染负荷削减。因此,控源截污工程污染负荷削减核算的主要对象为污水处理厂。

(2)核算方法与指标。

采用污水处理厂实际进出水浓度指标和处理量进行核算,具体核算公式如下:

$$W = \sum_{i}^{n} W_{ij}$$
$$W_{ij} = (C_{hij} - C_{oij}) \times Q_i / 100$$
(4-1)

式中，W 为污染物削减量（t）；W_{ij} 为第 i 污水处理厂 j 类污染物削减量（t）；n 为污水处理厂个数；C_{hij} 为第 i 污水处理厂 j 类污染物进水浓度（mg/L）；C_{oij} 为第 i 污水处理厂 j 类污染物出水浓度（mg/L）；Q_i 为第 i 污水处理厂污水处理量（万 m^3）。

（3）核算结果。

①污水处理厂。

根据滇池流域主要污水处理厂运行报表数据，2018 年滇池流域主要污水处理厂年处理污水量 65 116.13 万 m^3，污染负荷削减量 COD 153 574.40 t、TN 13 991.72 t、TP 3 115.79 t、NH_3-N 12 635.45 t。各厂的污染负荷削减量见表 4-2。

表 4-2 2018 年滇池流域主要污水处理厂污染负荷削减量

序号	污水处理厂	污水量/万 m^3	COD/t	TN/t	TP/t	NH_3-N/t
1	第一污水处理厂	4 554.8	14 571.2	1 139.1	328.5	788
2	第二污水处理厂	4 532.3	9 449.2	823.9	128.6	857.2
3	第三污水处理厂	9 331.1	21 463.5	1 964.8	379.4	1 984.4
4	第四污水处理厂	1 394.7	4 058.7	416.1	55	357.5
5	第五污水处理厂	8 759	25 440.5	2453	418.3	2 128
6	第六污水处理厂	5 018.1	15 272.6	1 540.3	482.7	1 243.4
7	第七污水处理厂、第八污水处理厂	11 835.7	36 708.4	3 168.3	747.7	2 643.6
8	第九污水处理厂	2 579.8	6 718.1	545.6	94.9	491.4
9	第十污水处理厂	3 911.8	5 386	590.7	97.2	690.6
10	第十一污水处理厂	879	1 966.1	177.2	30.7	191.4
11	第十二污水处理厂	1 446.13	2 003.47	211.51	49.1	230.03
	小计	54 242.43	143 037.8	13 030.51	2 812.1	11 605.53
12	洛龙厂（污）	2 233.7	1 767.2	308.9	56.9	392.7
13	洛龙厂（雨）	641.7	1 188.8	123.4	57.2	129.2
14	捞鱼河厂	1 147.4	2 081.9	166.5	46.3	137.4
15	淤泥河厂	1 364.5	781.2	77.6	20.2	95.4

序号	污水处理厂	污水量/万 m³	COD/t	TN/t	TP/t	NH₃-N/t
16	白鱼河厂	1 168.3	682.4	98.6	12.8	71.6
17	昆阳厂（污）	1 437.4	2 581.1	88.3	74.4	49.6
18	昆阳厂（雨）	1 303.9	223.8	−2	4.3	27.3
19	古城厂	380.9	67.4	3.3	6.6	3.9
20	白鱼口厂	146.3	133.9	7.2	6.3	2.9
21	海口厂	202.6	223.2	6.8	8.7	3.5
22	晋宁厂	392	392.98	44.067 1	4.898 5	68.98
23	呈贡厂	455	412.73	38.547 8	5.092 5	47.44
	小计	10 873.7	10 536.61	961.214 9	303.69	1 029.92
	合计	65 116.13	153 574.40	13 991.72	3 115.79	12 635.45

②一级强化系统

根据第五污水处理厂一级强化系统运行数据，2018 年一级强化系统削减污染负荷量 COD 115.01 t、TN 6.56 t、TP 1.69 t、NH₃-N 4.37 t，各月污染负荷削减量见表 4-3。

表 4-3 2018 年滇池流域主要污水处理厂污染负荷削减量   单位：t

月份	污染物削减量			
	COD	TN	TP	NH₃-N
1	12.44	0.84	0.43	0.23
2	5.78	0.29	0.11	0.09
3	0.00	0.00	0.00	0.00
4	0.00	0.00	0.00	0.00
5	0.00	0.00	0.00	0.00
6	10.70	1.17	0.16	0.78
7	19.44	1.08	0.16	0.86
8	25.11	0.89	0.15	0.76
9	15.56	1.46	0.24	0.94
10	12.23	0.31	0.15	0.43
11	13.75	0.51	0.30	0.29
12	0.00	0.00	0.00	0.00
总计	115.01	6.56	1.69	4.37

2）在建控源截污工程预期污染负荷削减量

（1）核算对象。

滇池流域在建污水处理厂项目主要包括昆明主城西部污水处理厂增量扩建工程（昆明市第十三污水处理厂建设工程）和昆明主城北部合流污水处理厂（昆明市第十四污水处理厂建设工程）。

（2）核算方法与指标。

由于上述 2 座污水处理厂还未建成，项目污染负荷削减采用项目可研设计规模和进出水浓度数据核算，在建污水处理厂可研设计指标见表 4-4、表 4-5。

表 4-4 在建污水处理厂设计进出水浓度　　　　　　　　　　单位：mg/L

序号	在建污水处理厂		COD	TN	TP
1	第十三污水处理厂	进水	350	45	6
2		出水	50	15	0.5
3	第十四污水处理厂（深度处理）	进水	400	40	5
4		出水	20	5	0.05
5	第十四污水处理厂（一级强化）	进水	140~175	30~31.6	3~5
6		出水	70	30	2

表 4-5 在建污水处理厂设计规模　　　　　　　　　　单位：万 m^3

序号	参考污水处理厂	近期设计规模		远期设计规模	
		深度处理规模	一级强化规模	深度处理规模	一级强化规模
1	第十三污水处理厂	6	—	12	—
2	第十四污水处理厂	10	40	20	40

（3）预期污染负荷削减量。

根据上述设计参数，滇池流域在建第十三污水处理厂预期污染负荷削减量约为 COD 10 589 t/a、TN 882 t/a、TP 159 t/a；在建第十四污水处理厂预期污染负荷削减量约为 COD 13 870 t/a、TN 1 278 t/a、TP 180.7 t/a。由于污水处理厂建成至满负荷运行需要一定时间，且建成投产初期的实际处理规模目前不能预计，因此，上述第十三污水处理厂、第十四污水处理厂污染负荷削减量仅作为项目建设环境效益的预期值。从数据时间尺度统一考虑，2座在建污水处理厂预期污染负荷削减量不参与后续已建成处理措施污染负荷削减数据的汇总和对比分析。

2. 水量调度

水量调度工程主要有牛栏江补水滇池入湖通道建设项目、污水处理厂尾水外排及资源化利用建设工程、滇池外海北部水体置换通道提升改造工程3个项目。

1) 牛栏江补水滇池入湖通道建设项目

牛栏江补水滇池入湖通道建设项目包括盘龙江沿岸排口的清查、整治，盘龙江清水通道景观提升改造工程，清水河、海明河、枧槽河、大清河通道建设三方面内容，项目的实施确保了牛栏江清水按时、顺利、安全补水滇池。根据《滇池保护治理"三年攻坚"行动技术指导意见（试行）》，清水补给只考虑水质改善作用，不核算污染物削减量。

牛栏江—滇池补水工程是滇池保护治理的骨干工程之一，在滇池流域水资源开发利用、水生态恢复和水环境提升等各方面都具有重要作用，同时牛栏江—滇池补水工程是尾水外排工程实施的前提和重要保障。根据《〈滇池流域水污染防治规划（2011—2015年）〉项目绩效评估报告》，工程实现了滇池换水周期由原来约4年缩短至约2年的目标，支撑了滇池水质改善。

2) 污水处理厂尾水外排及资源化利用建设工程

（1）核算对象。

核算对象为涉及尾水外排的污水处理厂，主要有导流带上游第三污水处理厂、第九污水处理厂；尾水外排通道第二污水处理厂、第五污水处理厂、第七污水处理厂、第八污水处理厂、第十污水处理厂，重点核算污水处理厂尾水外排后对滇池入湖污染的削减量，并对合流污水外排削减的污染负荷进行核算。

（2）核算方法与指标。

外排尾水污染负荷削减量采用尾水外排污水处理厂水质水量进行核算，溢流污水外排污染负荷削减量根据泵站实际运行水质水量进行核算。外排尾水污染负荷削减量核算公式如下：

$$W = \sum_{i}^{n} W_{ij} \qquad (4\text{-}2)$$

$$W_{ij} = C_{oij} \times Q_i / 100 \qquad (4\text{-}3)$$

式中，W 为外排尾水污染负荷削减量（t）；W_{ij} 为第 i 外排厂（外排泵站）j 类污染物削减量（t）；n 为污水处理厂（外排泵站）个数；C_{oij} 为第 i 污水处理厂（外排泵站）j 类污染物出水浓度（mg/L）；Q_i 为第 i 污水处理厂（外排泵站）运行水量（万 m³）。

（3）核算结果。

①污水处理厂尾水外排资源化。

根据污水处理厂尾水外排运行报表数据，滇池流域尾水外排污染负荷削减量见表 4-6。2018 年滇池流域尾水外排工程外排尾水 40 949.7 万 m³，削减入湖污染负荷 COD 4 767.65 t、TN 3 550.48 t、TP 59.16 t、$NH_3\text{-}N$ 173.60 t。

表 4-6　2018 年滇池流域尾水外排资源化工程的污染负荷削减量

序号	污水处理厂	尾水外排水量/万 m³	尾水外排污染负荷/t			
			COD	TN	TP	$NH_3\text{-}N$
1	第二污水处理厂	4 532.3	455.95	431.40	4.27	7.46
2	第三污水处理厂	9 331.1	1 277.28	947.77	12.07	77.84
3	第五污水处理厂	8 759	970.29	652.21	11.02	25.49
4	第七污水处理厂、第八污水处理厂	11 835.7	1 220.73	1 012.60	22.31	40.38
5	第九污水处理厂	2 579.8	366.11	147.66	2.69	12.53
6	第十污水处理厂	3 911.8	477.29	358.84	6.80	9.90
	合计	40 949.7	4 767.65	3 550.48	59.16	173.60

②合流污水外排。

根据外排系统各泵站运行水量数据与外排泵站合流污水平均浓度，合流污水外排系统污染负荷削减量见表 4-7。2018 年滇池流域尾水外排工程合流污水外排水量 4 763.3 万 m³，削减入湖污染负荷 COD 3 556.3 t、TN 949.3 t、TP 87.2 t、$NH_3\text{-}N$ 814.5 t。

表 4-7　2018 年滇池流域尾水外排资源化工程溢流污染负荷削减量

外排泵站	外排水量/ 万 m³	外排污染负荷/t			
		COD	TN	TP	NH$_3$-N
外排大清河新老泵站	4 763.3	3 556.3	949.3	87.2	814.5

3. 生态修复

生态修复工程主要有滇池外海环湖湿地建设"四退三还"工程、滇池环湖生态经济试验区生态建设工程、滇池斗南湿地建设工程、滇池王家堆湿地工程共 4 个项目（表 4-8）。

表 4-8　生态修复主要工程清单

类别	分类	序号	工程项目
生态修复	生态湿地	1	滇池外海环湖湿地建设"四退三还"工程
		2	滇池环湖生态经济试验区生态建设工程
		3	滇池斗南湿地建设工程（"十三五"在建）
		4	滇池王家堆湿地工程（"十四五"规划）

1）滇池外海环湖湿地建设"四退三还"工程

（1）核算对象。

滇池外海环湖湿地建设"四退三还"工程实施以来，共实现退人 24 979 人、退户 5 905 户，退塘 6 218 亩，退田 25 517 亩，退房 145 万 m²。同时，在湖滨 33.3 km² 范围内建设湖滨湿地。沿湖共拆除防浪堤 43.14 km，增加水面面积 11.5 km²，新增湖滨湿地 3 600 hm²。

从污染负荷削减的角度考虑，滇池外海环湖湿地建设"四退三还"工程的主要核算对象为退人 24 979 人、退田 25 517 亩和新增湖滨湿地 3 600 hm²。

（2）核算方法与指标。

对于退人、退田规模，按照农业农村面源污染负荷入湖量的削减核算。具体核算方法与指标如下：

①农村生活污水及生活垃圾

农村居民生活污染物产生量采用下式进行计算：

$$W_2 = POP_u \times \alpha_2 \tag{4-4}$$

式中，W_2 为农村生活污染物产生量（t）；POP_u 为农村人口（人）；α_2 为人均生活污染物排放系数（t/人）。

人均生活污染负荷采用水体污染控制与治理科技重大专项滇池项目中面源污染基础状况调查结果，见表4-9、表4-10。

表4-9　农村生活污水产排系数

类型	生活污水/ [L/（人·d）]	COD/ [g/（人·d）]	TN排放量/ [g/（人·d）]	TP排放量/ [g/（人·d）]
农村	50	17.4	0.4	0.46

表4-10　农村生活垃圾产排系数

生活垃圾（kg/人·d）	NH_3-N/ [g/（人·d）]	TN/ [g/（人·d）]	TP/ [g/（人·d）]
0.351	0.878	1.755	1.05

②农村居民粪便污染

农村居民粪便污染采用下式进行计算：

$$W_3 = 365 \times POP \times \alpha_3 \tag{4-5}$$

式中，W_3 为居民粪便污染物产生量（kg/a）；POP为农业人口（人）；α_3 为粪便产污系数（人·d），见表4-11。

表4-11　人的粪便产污参数

粪便/ [kg/（人·d）]	尿液/ [kg/（人·d）]	COD/ [g/（人·d）]	NH_3-N/ [g/（人·d）]	TN/ [g/（人·d）]	TP/ [g/（人·d）]
0.7	0.4	30	1.89	3.5	0.6

③农田化肥流失

化肥流失污染物排放量根据化肥流失系数，采用下式进行计算：

$$W_4 = F \times \alpha_4 \tag{4-6}$$

式中，W_4 为化肥流失污染物排放量（t/a）；F 为化肥施用量（折纯量/a）；α_4 为化肥流失系数（t/t 折纯量）。

滇池流域农田化肥施用（折纯）量流失系数见表 4-12。

表 4-12　滇池流域农田化肥施用（折纯）量流失系数　　单位：t/t 折纯量

污染物	NH$_3$-N	TN	TP
流失系数	0.05	0.1	0.05

④农田固体废物

采用流失系数法进行农田固体废物流失量的计算，即

$$W_5 = P \times \alpha_5 \times \gamma_5 \tag{4-7}$$

式中，W_5 为农田固体废物残体流失量（kg/a）；P 为耕地面积（hm^2）；α_5 为平均每亩农田固体废物产生量[kg/（hm^2·a）]；γ_5 为农田固体废物流失系数（%）。

滇池流域农田固体废物污染物产污参数见表 4-13。

表 4-13　滇池流域农田固体废物污染物产污参数

污染物	农业生产植物残体/[kg/（亩·a）]	NH$_3$-N 占植物残体的比例/%	TN 占植物残体的比例/%	TP 占植物残体的比例/%
产生量	1 000	0.2	0.39	0.05

对于有实际监测数据的湿地，采用湿地进出水水质水量数据进行核算，具体计算公式如下：

$$W = (C_{oj} - C_{hj}) \times Q / 100 \tag{4-8}$$

式中，W 为污染物削减量（t）；C_{oj} 为 j 类污染物出水浓度（mg/L）；C_{hj} 为 j 类污染物进水浓度（mg/L）；Q 为湿地进水水量（万 m^3）。

(3) 核算结果。

根据上述核算对象、指标与方法,滇池外海环湖湿地建设"四退三还"工程退人退田污染负荷削减量见表 4-14、表 4-15。

表 4-14　滇池外海环湖湿地建设"四退三还"工程退人退田污染负荷削减量

单位:t/a

序号	项目实施规模	污染负荷削减量		
		COD	TN	TP
1	退人 24 979 人	103.7	6.65	2.96
2	退田 25 517 亩	—	60.7	7.99
	合计	103.7	67.35	10.95

表 4-15　2018 年已建湿地污染负荷削减量

单位:t/a

序号	湿地名称	污染负荷削减量			备注
		COD	TN	TP	
1	王官湿地	0	28.06	0.41	COD 进出水倒挂
2	斗南湿地	0	32.41	0.66	COD 进出水倒挂
3	东大河湿地	0	90.23	2.5	COD 进出水倒挂
4	其他湿地	—	—	—	无监测数据
	合计	0	150.7	3.57	—

从上述核算可知,滇池外海环湖湿地建设"四退三还"工程核算的污染负荷削减量约为 COD 103.7 t/a、TN 67.35 t/a、TP 10.95 t/a。其中,2018 年工程已建的王官湿地、斗南湿地和东大河湿地削减入湖污染负荷 COD 0 t、TN 150.7 t、TP 3.57 t。

2) 滇池环湖生态经济试验区生态建设工程

滇池环湖生态经济试验区生态建设工程在"四退三还一护"工作边界与环湖公路之间区域开展生态经济试验区的生态建设。工程完成了晋宁东大河湿地、官渡王官生态湿地等几个重要地带的改造和建设。由于工程涉及的东大河湿地、官渡王官生态湿地等污染负荷削减量均已在滇池外海环湖湿地建设"四退三还"工程中核算，为避免工程项目环境效益的重复计算，滇池环湖生态经济试验区生态建设工程污染负荷削减量将不再进行核算。

3）滇池斗南湿地建设工程

"十三五"规划的滇池斗南湿地建设工程是"十二五"滇池环湖生态经济试验区生态建设项目之一的呈贡斗南湿地建设项目的续建，建设面积约450亩。参考《滇池外海环湖湿地建设工程评估报告》单位面积湿地污染负荷削减能力，对项目预期污染负荷削减量进行核算。工程建成后预期污染负荷削减量约为 COD 73.5 t/a、TN 32.4 t/a、TP 0.66 t/a。

4）滇池王家堆湿地工程

王家堆湿地建设项目位于昆明市西山区，占地面积约567亩（含滇池一级保护区范围内543亩、滇池三级保护区范围内24亩），其中一期面积约377亩、二期面积约190亩，项目方通过湿地建设、植栽设计、湿地景观构建等措施，改善滇池西岸王家堆片区草海湖滨带生态环境，恢复生物多样性，提升区域环境品质。参考《滇池外海环湖湿地建设工程评估报告》单位面积湿地污染负荷削减能力，对项目预期污染负荷削减量进行核算。工程建成后预期污染负荷削减量约为 COD 92.6 t/a、TN 40.8 t/a、TP 0.83 t/a。

4. 内源治理

内源治理分为清淤工程和蓝藻处置两个方面，根据项目二期对重点工程设施清单的梳理，共有以下6个项目（表4-16）。

表 4-16　内源治理主要工程清单

类别	分类	序号	工程项目
内源治理	清淤工程	1	滇池外海主要入湖河口及重点区域底泥疏浚（一期、二期、三期）工程
		2	盘龙江中下段应急清淤工程
		3	昆明市中心城区防汛排水管渠应急清淤维护工程
		4	主城排水管网系统清淤除障项目（"十三五"在建）
	蓝藻处置	5	滇池蓝藻治理及应急工程（"十二五"建设）
		6	滇池重点区域蓝藻打捞处置工程（"十三五"在建）

1）清淤工程项目污染负荷削减量

（1）核算对象。

主要为滇池外海主要入湖河口及重点区域底泥疏浚、滇池污染底泥疏挖及处置二期工程、草海及入湖河口清淤工程等，具体核算对象为工程清淤量。

（2）核算方法与指标。

从内源污染物稳定性角度考虑，一部分内源性污染物活性很高，可在短期内周转循环，从而对湖泊富营养化及藻类水华产生影响，而另一部分内源性污染物以成岩的形式可永久埋藏在沉积物中，对湖泊富营养化的贡献较小。因此，根据滇池"水专项"《滇池全湖内源污染调查与内负荷特征研究》成果，参照《滇池保护治理"三年攻坚"行动技术指导意见》核算方法和指标进行核算，具体核算指标见表 4-17。

表 4-17　滇池底泥疏浚污染负荷削减核算指标

序号	湖区	底泥含水率/%	氨氮最大释放量/（mg/kg）	总磷最大释放量/（mg/kg）
1	草海	85.5	98.64	3.32
2	外海	73	89.69	2.03

计算公式如下：

$$W = M \times (1-\eta) \times Q \times 10^{-9} \qquad (4-9)$$

式中，W 为污染物削减量（t）；M 为底泥清淤量（kg）；η 为含水率（%）；Q 为污染物释放量（mg/kg）。

（3）项目污染负荷削减量。

根据底泥疏浚指挥部资料，2018 年滇池底泥疏浚项目共清除滇池底泥 375.3 万 m^3，其中清除滇池外海底泥 229.05 万 m^3，清除草海底泥 146.25 万 m^3。根据上述核算指标，2018 年滇池底泥疏浚类项目污染负荷削减量约为 TN 76.4 t、TP 1.96 t。

2）蓝藻处置项目污染负荷削减量

（1）核算对象。

主要为滇池蓝藻治理及应急工程、滇池重点区域蓝藻打捞处置工程，具体核算对象为工程蓝藻打捞和处理量。

（2）核算方法与指标。

根据《滇池保护治理"三年攻坚"行动技术指导意见》，蓝藻打捞项目污染负荷削减量核算方法与指标如下。蓝藻打捞后脱水成藻渣，污染削减核算方法为

$$W = M \times (1-\eta) \times b \tag{4-10}$$

式中，W 为污染物削减量（t）；M 为藻渣量（t）；η 为含水率（%）；b 为蓝藻含 N、P 率（%），取值见表 4-18。

表 4-18 滇池富藻水中干物质率与 N、P 含量取值　　　　单位：%

富藻水中干物质率	蓝藻含 N 率	蓝藻含 P 率
0.055	6.00	0.68

藻水排放污染削减核算方法如下：

$$W = V \times c \times b \tag{4-11}$$

式中，W 为污染物削减量（t）；V 为藻水体积（m³）；c 为含藻率（t/m³）；b 为蓝藻含 N、P 率（%）。

（3）项目污染负荷削减量。

2018 年蓝藻打捞项目打捞处置藻泥 7 945 t，削减藻源性内源污染负荷 TN 49.2 t、TP 4.97 t；打捞富藻水 865.7 万 m³，削减藻源性内源污染负荷 TN 285.7 t、TP 32.3 t。共削减污染负荷 TN 334.9 t、TP 37.3 t。

5. 已建工程污染负荷削减量汇总

根据上述核算结果，滇池流域控源截污、水量调度、生态修复与内源治理等重点工程 2018 年的污染负荷削减量分别为 COD 162 116.7 t、TN 19 127.3 t、TP 3 317.7 t。其中，控源截污工程污染负荷 COD、TN、TP 削减量分别约占总污染负荷削减量的 94.8%、73.19%、93.97%，各类治理措施污染负荷削减量汇总见表 4-19。

表 4-19　2018 年滇池流域重点工程污染负荷削减汇总　　　单位：t/a

序号	治理措施类型	直接污染负荷削减项目	污染负荷削减量		
			COD	TN	TP
1	控源截污	主要污水处理厂	153 574	13 992	3 115.8
		一级强化系统	115	6.56	1.69
2	水量调度	尾水外排	4 768	3 550	59.2
		合流污水外排	3 556	949.3	87.2
3	生态修复	"四退三还"退人退田	103.7	67.35	10.95
		斗南、王官、东大河湿地	—	150.7	3.57
4	内源治理	底泥疏浚		76.4	1.96
		蓝藻打捞	—	335	37.3
	合计		162 116.7	19 127.3	3 317.7

4.2　重点工程对滇池外海水质改善的综合评估

4.2.1　运行工况与情景设计

基于 2.6 节已构建的滇池外海陆域污染负荷迁移动态模型（基于 LSPC 软件平台）、滇池外海三维水动力-水质-藻类模型（基于 IWIND-LR 软件平台）、滇池外海陆域-水域响应关系模型（基于 IWIND-LR 软件平台），对水质影响进行评估。其中，针对滇池流域长时间序列模拟的需求，基于 LSPC 模型的滇池外海陆域污染负荷迁移动态模型，在森林覆盖率较高的滇池流域有较好的适用性，能够进行流域水量、水质模拟方面的连续和单次降雨模拟。基于 IWIND-LR 的滇池外海三维水动力-水质-藻类模型，可定量探索滇池外海蓝藻暴发机制，解析底泥与藻类、内源与流域污染负荷对滇池外海水质的综合与单一效应，为评估在不同区域进行不同管理措施所产生的滇池外海水质效应提供依据，实现流域污染输入对滇池外海水质影响的系统模拟。

综合评估按照控源截污、水量调度、生态修复、内源治理的分类，模拟基准年（2018 年）重点工程对滇池外海的整体水质影响及 8 个国控断面的水质影响，按各河道入湖河口归总重点工程减排效益，归纳其对滇池水质的影响，其中：控源截污工程类型需考虑到控源截污工程的系统性和相互关联，分析设计运行工况的削减效益，按月分析与湖体水质的响应关系；水量调度主要模拟牛栏江补水（全部补水外海及草海、外海同时补水等工况）及尾水外排、入湖河道全部达到考核目标的外海水质影响；生态修复主要分析湿地生态的外海湖体水质影响；内源治理主要模拟滇池外海主要入湖河口及重点区域底泥疏浚、蓝藻打捞与外排。

依托滇池陆域模型与湖体模型，通过设置不同重点工程的情景，模型模拟得出河道污染物负荷削减最终对湖体水质的改善效益。根据滇池流域治理工程清单、基础数据梳理成果以及对污染物负荷组成及水量分析的结论，有针对性地提出情景设计方案，见表 4-20。

表 4-20　重点工程的水质影响综合模拟评估情景设计

情景编号	重点工程情景	模拟设置方案	模型使用
S0	2018 年现状基线	陆域模型现状情景的边界： （1）流域模型边界以 2018 年为基线； （2）2018 年所有边界条件尽可能与现状保持一致； （3）气象（降雨）现状； （4）入流与沟渠共 52 条； （5）污水处理厂（主城 9 个+环湖雨污 10 个）； （6）牛栏江补水，2018 年牛栏江补外海水量约为 2.85 亿 m^3； （7）尾水外排资源化； （8）部分灌溉用水从滇池取水。 湖体模型基线情景边界： （1）流域模型边界以 2018 年为基线； （2）2018 年所有边界条件尽可能和现状保持一致； （3）入流与沟渠口采用陆域模拟结果； （4）牛栏江补外海水量约为 2.85 亿 m^3，水质使用陆域输出水质； （5）尾水外排使用陆域模拟值； （6）污水处理厂（19 个）出水使用生产报表数据； （7）滇池外海北部东岸和西岸蓝藻的外排采用溢流堰设置并对比报表数据； （8）底泥释放使用湖体模型模拟； （9）蓝藻打捞采用年报表，确定打捞网格、水量和去除率； （10）灌溉从滇池取水使用模拟值	陆域模型+湖体模型

第 4 章 流域重点治理工程的滇池水质影响评估

情景编号	重点工程情景	模拟设置方案	模型使用
S1	牛栏江不补水+尾水不外排	陆域模型中： （1）牛栏江不进行补水，补外海水量为 0，盘龙江按正常水量进入滇池； （2）大清河和采莲河尾水外排全部关闭； （3）第七污水处理厂、第八污水处理厂尾水原来设置的负荷和水量为 0，污水处理厂出水还是按照 2018 年实际水质。 湖体模型中： （1）以陆域模型输出结果作为输入边界数据； （2）保留草海泵站、灌溉取水和蓝藻外排边界与基线一致； （3）注意湖体水量平衡与水位处于正常范围	陆域模型+湖体模型
S2	污水处理厂提标改造（"双五"）+大清河尾水外排	陆域模型： （1）在现状基础上，将尾水出水浓度提高到 TN 5 mg/L、TP 0.05 mg/L、COD 20 mg/L、NH_3-N 1.5 mg/L； （2）具有提标可能性的污水处理厂有环湖厂、主城厂（第一污水处理厂、第三污水处理厂、第七污水处理厂、第八污水处理厂、第九污水处理厂以外）和尾水外排联动，提标后的出水中大清河泵站和采莲河依然外排。 湖体模型： （1）以陆域模型输出结果作为输入边界数据； （2）保留草海泵站、灌溉取水和蓝藻外排边界与基线一致	陆域模型+湖体模型
S4	污水处理厂提标改造（"双五"）+大清河尾水不外排（提标污水处理厂主要进入大清河）	陆域模型： （1）在现状基础上，将尾水出水浓度提高到 TN 5 mg/L、TP 0.05 mg/L、COD 20 mg/L、NH_3-N 1.5 mg/L； （2）具有提标可能性的污水处理厂有环湖厂、主城厂（第一污水处理厂、第三污水处理厂、第七污水处理厂、第八污水处理厂、第九污水处理厂以外）和尾水外排联动，提标后的出水中大清河不外排，采莲河依然外排；大清河水库设置改为河道设置，水可以正常进入滇池，将以下 2 个尾水外排抽水都关闭，抽水设置为 0。 湖体模型： （1）以陆域模型输出结果作为输入边界数据； （2）保留草海泵站、灌溉取水和蓝藻外排边界与基线一致； （3）注意湖体水量平衡与水位处于正常范围	陆域模型+湖体模型

情景编号	重点工程情景	模拟设置方案	模型使用
S2	牛栏江的水全部补外海	陆域模型：外海补水速率为 23 m³/s。 湖体模型： （1）以陆域模型输出结果作为输入边界数据； （2）保留草海泵站、灌溉取水和蓝藻外排边界与基线一致； （3）注意湖体水量平衡与水位处于正常范围	陆域模型+湖体模型
S5	环湖截污的水质评估	陆域模型：将点源文件换为污水处理厂进水浓度，作为不处理就排放进入河道的设置。 湖体模型： （1）以陆域模型输出结果作为输入边界数据； （2）保留草海泵站、灌溉取水和蓝藻外排边界与基线一致	陆域模型+湖体模型
S6	外海入湖河流考核目标评估	湖体模型：在 2018 年的基础上，将未达标河道水质提升到考核要求，即在陆域模拟结果上设置未达标河流的入流水质浓度为考核目标值，更新水质输入边界（河道水质标准按照月平均稳定达标，旱季和雨季分别处理）	湖体模型
S7	蓝藻外排对滇池外海水质影响	湖体模型： （1）外海出流中设置蓝藻外排量（东岸和西岸的全部外排口）为 0； （2）湖体水量平衡与水位处于正常范围	湖体模型
S19	蓝藻打捞对滇池外海水质影响	湖体模型： （1）外海出流中设置蓝藻打捞为 0，全部水经过 14 台设备处理后再进入外海； （2）由于水量较小（约 700 万 m³），对水位影响很小，暂不对出流进行处理	湖体模型
S10	底泥清淤对外海水质影响的初步评估	湖体模型：河口网格中的底泥初始值降低	湖体模型

4.2.2 重点工程的水质效益综合评估

通过陆域模型的改进与参数校准，能够模拟出主要的水动力过程和关键水质过程，评估滇池陆域负荷的变化情况。之后通过湖体模型模拟不同情景下的水质变化，与基线进行对比分析。

1. 牛栏江补水工程与尾水外排资源化的联动效益评估

牛栏江补水工程是滇池流域 4 大类重点治理工程中水量调度的重要组成部分。牛栏江补水不仅改善了盘龙江和滇池的水动力条件，加快了水体循环，更重要的是改善了滇池水质。如果停止牛栏江补水，为保持盘龙江等河道的水量平衡，污水处理厂尾水就将排入河道，进入滇池，即牛栏江补水与尾水外排资源化两项水量调度需要同时存在。因此，情景设置关闭牛栏江补外海水量，要求尾水外排工程同时关闭，才能保障滇池水量平衡。为评估牛栏江补水工程的水质效益，以 S0 情景（2018 年现状基线）作为基础，与 S1 情景（牛栏江不补水+尾水不外排）进行对比。

1）陆域入湖负荷变化

在 S1 情景下，牛栏江补水停止，此时为维持滇池水量平衡，尾水外排资源化需相应停止。同时，由于昆明雨季（5—10 月）降雨集中，污水处理厂雨季尾水量相应增加的特点，关闭牛栏江补水后，旱季总流量基本不变，雨季总流量反而明显增大，增加了 11.5%（图 4-1）。陆域负荷模拟结果的变化与流量一致：正大金汁河、采莲河以及大清河的负荷显著上升，牛栏江负荷为零，其余河流负荷基本不变。由于污水处理厂尾水的浓度高，且雨季尾水水量大，导致陆域负荷输出总量显著增加：TN 旱季增长 63.2%，雨季增长 48.7%；TP 旱季增长 30.3%，雨季增长 28.4%；COD 旱季增长 21.7%，雨季增长 22.1%；NH_3-N 旱季增长 35.2%，雨季增长 39%（图 4-1）。

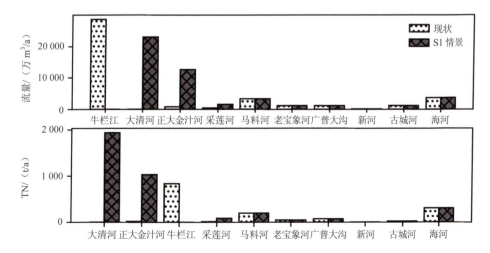

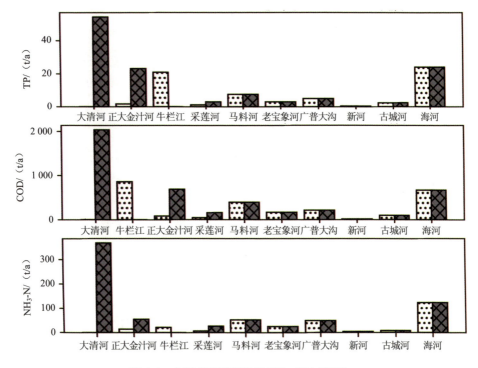

图 4-1 入湖负荷模拟结果对比（S1 情景）

2）外海水质变化

（1）Chla。

从时间变化来看，在 S1 情景下，1—5 月的叶绿素含量出现一定程度的降低，但在 6—9 月，8 个站点的叶绿素浓度均高于基线的同期浓度，10 月后藻类暴发结束，叶绿素浓度也逐渐降低。结合国控断面的空间变化，S1 情景下各断面的叶绿素年均值呈现一定程度的下降，下降比例为 4.3%～11.3%，但雨季藻类暴发，叶绿素峰值升高，其中北部断面在雨季藻类暴发期间，叶绿素浓度较南部断面上升的程度更大（图 4-2）。故在牛栏江补水与尾水外排协同作用下，外海藻类的快速生长期有所提前，全年均值有所升高，但雨季藻类峰值却被削减，尤其是针对外海北部断面的藻类峰值控制有较好效果。

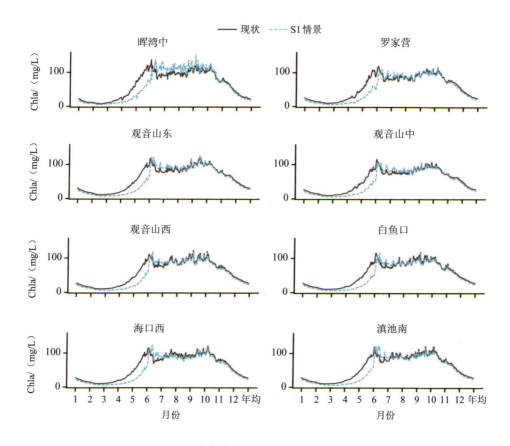

图 4-2 外海站点叶绿素对比（S1 情景）

（2）TN。

从时间变化来看，在 S1 情景下，8 个断面的 TN 浓度均有所上升，所有断面的 TN 月均值均超过Ⅳ类标准。北部断面水质恶化尤为严重，晖湾中断面年均值上升 72.6%，达到 2.93 mg/L；罗家营断面上升 49.6%，达到 2.25 mg/L；其余断面年均值上升比例也在 29.2%～43.4%。故在牛栏江补水与尾水外排协同作用下，外海国控断面的 TN 浓度迅速下降，使得大部分断面的水质能够实现基本稳定，达Ⅳ类标准（图 4-3）。

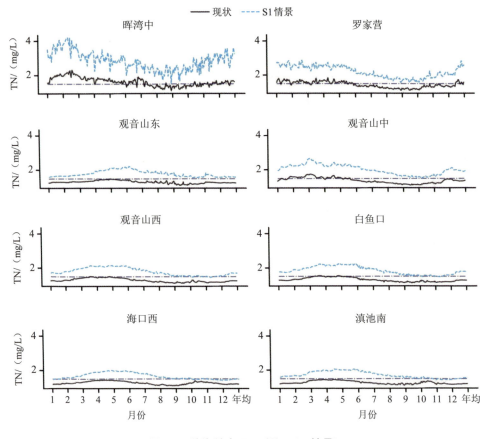

图 4-3　外海站点 TN 对比（S1 情景）

（3）TP。

在 S1 情景下，8 个站点的 TP 浓度整体均呈上升趋势，但结合其空间位置各个站点 TP 浓度变化存在差异：北部晖湾中站点 TP 浓度上升最为显著，使得 1—3 月持续出现水质超标（地表水Ⅳ类水标准），年均值上升 17.2%。其余断面上升比例较小，在 1.0%～8.9%，最南部的滇池南与海口西断面，在 7—9 月出现了浓度略微下降现象（图 4-4）。

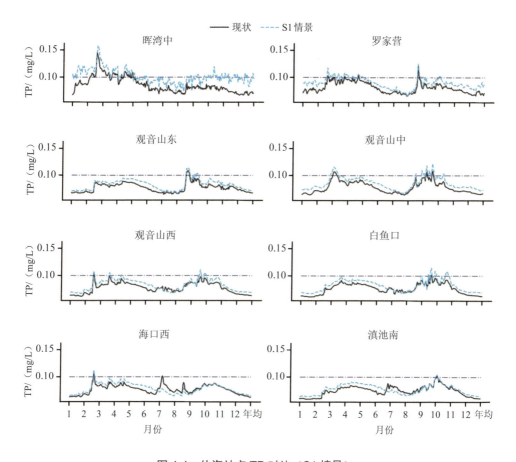

图 4-4　外海站点 TP 对比（S1 情景）

（4）COD。

从时间变化来看，在 S1 情景下，滇池外海 8 个国控断面 COD 浓度均呈现显著上升趋势，且在全年范围内均超过地表水Ⅳ类水标准。结合国控断面的空间变化，由于大清河、采莲河以及正大金汁河承接尾水排放，携带大量负荷进入滇池，导致外海北部的晖湾中和罗家营断面的 COD 浓度在旱季也处于高位，与基线结果趋势不同，年均值分别上升 29.7 mg/L 和 20.5 mg/L；其余 6 个国控断面，即观音山中、白鱼口、观音山西、观音山东、滇池南和海口西的 COD 波动在两种情景下具有相同的波动趋势，且 COD 浓度上升的程度依次减小，平均上升约

16.6 mg/L（图 4-5）。在牛栏江补水与尾水外排协同作用下能够显著改善外海所有国控断面水质，对北部断面的改善效果尤为突出。

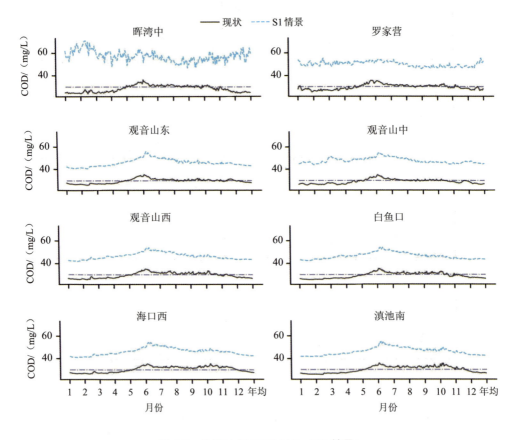

图 4-5　外海站点 COD 对比（S1 情景）

（5）NH_3-N。

在 S1 情景下，8 个断面的 NH_3-N 浓度均整体上升，但仍能全年达标，满足地表水Ⅳ类水标准。与其他水质指标类似，晖湾中断面上升趋势最大，年均值升高约 87.5%，靠近外海南部的断面变化程度变小，海口西与滇池南年均值略微下降（图 4-6）。

第 4 章　流域重点治理工程的滇池水质影响评估

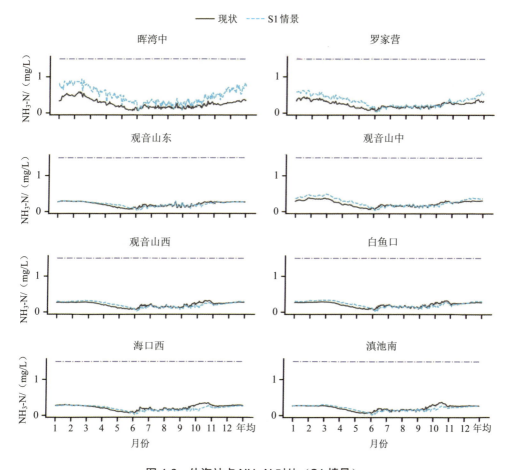

图 4-6　外海站点 NH$_3$-N 对比（S1 情景）

（6）总结。

通过牛栏江补水工程，暂时缓解了滇池流域清洁生态用水短缺的问题，为污水处理厂尾水外排和资源化创造了条件。水质相对更优的牛栏江补水代替尾水进入滇池，改善了外海水质，尤其是北部断面水质；不同指标的变化程度存在差异，TN、COD 的改善效果显著，TP、NH$_3$-N 的变化较小；叶绿素浓度在补水和外排共同作用下虽然年均值升高，但有效削减了雨季藻类暴发的峰值（表 4-21）。

表 4-21　牛栏江补水和尾水外排停止情景下的外海水质变化

断面名称	Chla		TN		TP		COD		NH$_3$-N	
	年均浓度/(mg/L)	变化程度/%	年均浓度/(mg/L)	变化程度/%	年均浓度/(mg/L)	变化程度/%	年均浓度/(mg/L)	变化程度/%	年均浓度/(mg/L)	变化程度/%
晖湾中	60.1	4	2.93	−73	0.11	−17	60.6	−96	0.48	−87
罗家营	52.2	11	2.25	−50	0.10	−9	52.5	−64	0.32	−37
观音山西	51.0	11	1.85	−37	0.09	−5	48.3	−53	0.21	−1
观音山中	49.3	11	2.07	−43	0.09	−8	49.8	−59	0.27	−19
观音山东	54.2	9	1.85	−35	0.09	−6	48.0	−50	0.20	−2
白鱼口	49.8	11	1.89	−39	0.09	−6	48.4	−55	0.22	−5
海口西	51.8	12	1.73	−29	0.08	−1	48.0	−47	0.19	10
滇池南	52.2	11	1.78	−33	0.08	−3	48.1	−50	0.19	5

2. 提标改造与尾水外排资源化的协同效益评估

"十二五"以来，昆明市污水处理能力不断提升，截至 2020 年 5 月，全市范围内已建成投产城镇污水处理厂 38 座，总处理规模达 239.1 万 m^3/d。昆明市主要城镇污水处理厂出水水质均已达到《城镇污水处理厂污染物排放标准》（GB 18918—2002）最严的一级 A 标准。但由于排放量大，尾水对水环境的污染负荷贡献仍然不容小觑。为有效减少污染物入湖（河）量，推进昆明水环境质量持续改善，昆明市制定了严于、细于国家标准的昆明市《城镇污水处理厂主要水污染物排放限值》（DB5301/T 43—2020），也是现阶段全国范围内最严的城市污水处理厂排放标准。各排放限值指标，除 TN 外均已达到地表水（湖库）Ⅲ类标准，TN 小于 5 mg/L、TP 小于 0.05 mg/L，也简称为"双五"标准。为评估提标改造与尾水外排联动的水质效益，以 S0 情景（2018 年现状基线）作为基础，与 S2 情景（污水处理厂提标改造+大清河尾水外排）进行对比。

1）陆域入湖负荷变化

S2 情景涉及的提标污水处理厂包括第二污水处理厂、第四污水处理厂、第五污水处理厂、第六污水处理厂、第十污水处理厂、第十一污水处理厂、普照污水处理厂、倪家营污水处理厂、呈贡区污水处理厂、晋宁区污水处理厂、洛龙河（污、雨）处理厂、捞渔河（污、雨）处理厂、淤泥河处理厂、白鱼河处理厂、古城河处理厂、昆阳处理厂、海口处理厂、白鱼口处理厂。与尾水外排联动后，第二污水处理厂、第四污水处理厂、第五污水处理厂、第七污水处理厂、第八污水处理厂、第十污水处理厂尾水依旧外排，其余环湖污水处理厂尾水直接排入滇池。筛选受影响较大的河流（牛栏江补水与盘龙江拆分），分指标绘制陆域模拟结果情景对比图，全部陆域河流模拟结果的变化对比如图4-7所示。

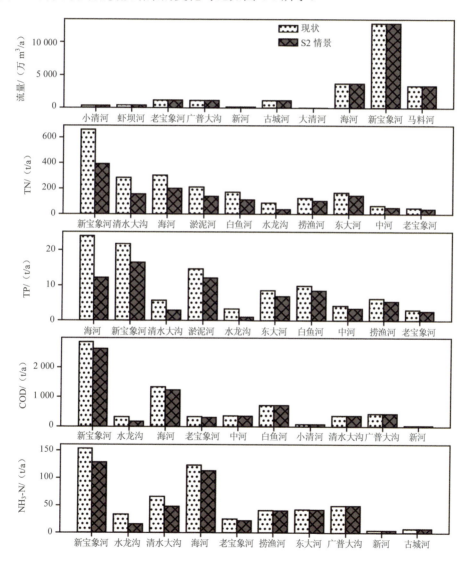

图 4-7 入湖负荷模拟结果对比（S2 情景）

在 S2 情景下，提标改造对滇池流域河流的水量变动影响较小，各条河流流量以及总流量基本不变。陆域负荷模拟结果的变化则较大，多条河流输入负荷被有效削减：TN 旱季削减 31.4%，雨季削减 21%；TP 旱季削减 31%，雨季削减 19%；COD 旱季削减 8.8%，雨季削减 6%；NH_3-N 旱季削减 19.8%，雨季削减 10%。

2）外海水质变化

（1）Chla。

从时间变化来看，在 S2 情景下外海各断面叶绿素水平出现一定程度的下降。年均值相比 S0 情景下降比例范围为 6.2%～8.4%，且浓度大部分削减集中在雨季，从而能够有效控制藻类暴发的峰值（图 4-8）。

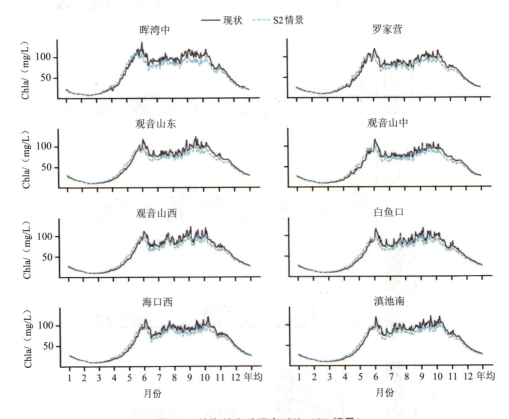

图 4-8　外海站点叶绿素对比（S2 情景）

(2) TN。

从时间变化来看,在 S2 情景下,8 个断面 TN 改善较为显著,TN 浓度迅速下降,年均值平均下降 15.5%;晖湾中断面Ⅳ类水达标月份从 2 个上升到 9 个,年均值也下降至 1.48 mg/L,下降了 12.7%;环湖厂尾水提标后,在不同空间位置进入外海的负荷显著减少,其他断面水质改善优于晖湾中断面(图 4-9)。

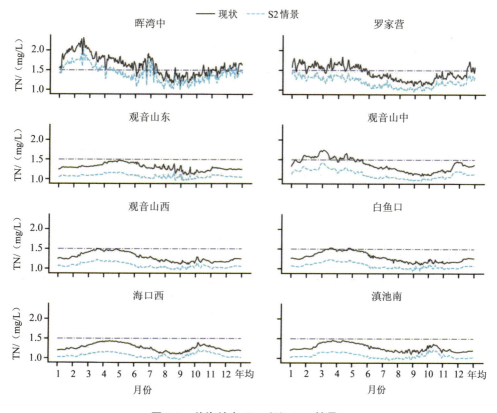

图 4-9 外海站点 TN 对比(S2 情景)

(3) TP。

在 S2 情景下,8 个断面 TP 浓度迅速下降,且整体上自北向南下降比例逐渐递减,北部晖湾中年均值降低 12.3%,观音山中年均值降低 11.7%,南部的海口西、滇池南断面年均值分别下降 8.9%、9.6%,且 8 个断面的月均值均达到Ⅳ类水稳定达标的考核要求(图 4-10)。

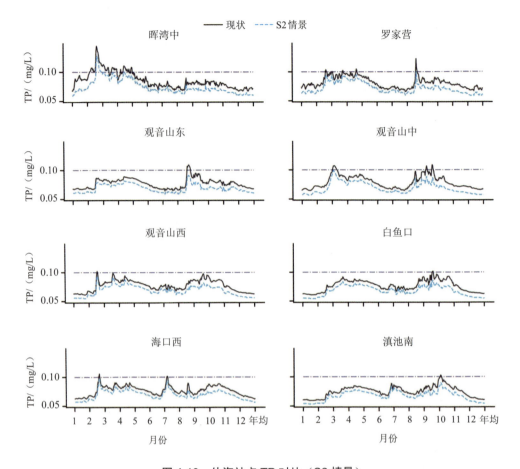

图 4-10 外海站点 TP 对比（S2 情景）

(4) COD。

从时间变化来看，在 S2 情景下滇池外海 8 个国控断面 COD 指标均产生显著下降，下降比例均为 18% 左右，且所有断面除极少数月份外，月均值整体满足地表水Ⅳ类水标准。对于 COD 指标，提标改造与尾水外排联动在不影响流量的情况下显著削减入湖负荷，且对所有断面的改善效果较为一致（图 4-11）。

第 4 章 流域重点治理工程的滇池水质影响评估

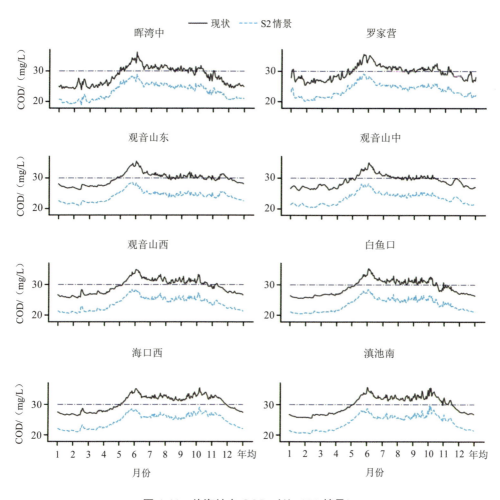

图 4-11 外海站点 COD 对比（S2 情景）

（5）NH_3-N。

在 S2 情景下，8 个断面的 NH_3-N 指标均整体下降，下降比例自北向南递减，下降范围为 3.7%～14.4%，且旱季改善效果更为明显（图 4-12）。

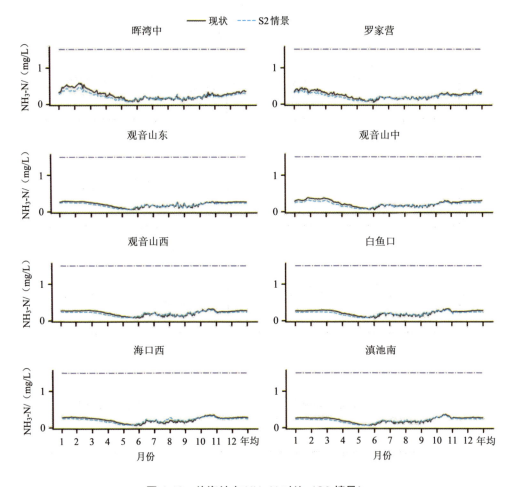

图 4-12 外海站点 NH_3-N 对比（S2 情景）

(6) 总结。

通过提标改造与尾水外排联动，在基本不改变入湖流量的基础上，导致外部输入负荷显著降低，因此，对各项水质指标负荷削减均产生了较显著的改善效果。同时，由于提标改造的污水处理厂空间位置不同，且环湖厂尾水依旧排入滇池，使得针对不同指标，8 个断面改善比例不再呈现北部改善多、南部改善少的情况；针对叶绿素浓度的改善则集中在雨季，削减藻类暴发的峰值（表 4-22）。

表 4-22 提标改造与尾水外排资源化联动后的外海水质变化

断面名称	Chla		TN		TP		COD		NH$_3$-N	
	年均浓度/(mg/L)	变化程度/%	年均浓度/(mg/L)	变化程度/%	年均浓度/(mg/L)	变化程度/%	年均浓度/(mg/L)	变化程度/%	年均浓度/(mg/L)	变化程度/%
晖湾中	57.5	−8	1.5	−13	0.08	−12	25.5	−17	0.22	−14
罗家营	55.0	−6	1.3	−16	0.08	−11	25.9	−19	0.20	−12
观音山西	53.7	−7	1.1	−16	0.08	−10	25.8	−18	0.19	−8
观音山中	51.7	−6	1.2	−17	0.07	−12	25.4	−19	0.20	−12
观音山东	55.3	−7	1.1	−17	0.08	−11	26.1	−18	0.18	−8
白鱼口	52.2	−7	1.1	−16	0.08	−11	25.5	−18	0.19	−8
海口西	55.2	−6	1.1	−15	0.08	−9	26.8	−18	0.21	−4
滇池南	54.9	−7	1.1	−15	0.07	−10	26.3	−18	0.19	−5

3. 提标改造与尾水不外排情景下的效益评估

随着市政管网系统的建设不断完善，污水收集率日益增高，城市污水处理厂的尾水成为影响入湖河流和滇池水质达标的主要因素。为此，滇池流域水污染防治"十二五"规划设置了昆明主城区污水处理厂尾水外排及资源化利用建设工程，由昆明滇池投资有限责任公司负责建设。其目的是将污水处理厂尾水通过管道运输，避免河水或牛栏江清水与尾水混流，使得尾水与河水、湖水分离，直接传输至下游进行处置或通过西园隧道进入螳螂川。为评估提标改造与尾水外排不协同运行的水质效益，以 S0 情景（2018 年现状基线）作为基础，与 S4 情景（污水处理厂提标改造+大清河尾水不外排）进行对比。

1）陆域入湖负荷变化

S4 情景涉及的提标污水处理厂包括第二污水处理厂、第四污水处理厂、第五污水处理厂、第六污水处理厂、第十污水处理厂、第十一污水处理厂、普照污水处理厂、倪家营污水处理厂、呈贡区污水处理厂、晋宁区污水处理厂、洛龙河（污、雨）处理厂、捞渔河（污、雨）处理厂、淤泥河处理厂、白鱼河处理厂、古城河处理厂、昆阳处理厂、海口处理厂、白鱼口处理厂。与尾水外排不协同运行下，所有污水处理厂尾水直接排入滇池。筛选受影响较大的河流（牛栏江补水与盘龙江拆分），分指标绘制陆域模拟结果情景对比图；全部陆域河流模拟结果前后变化对比如图 4-13 所示。

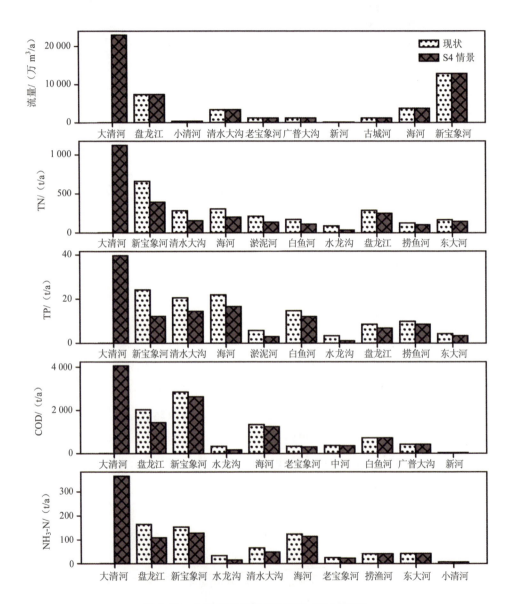

图 4-13　入湖负荷模拟结果对比（S4 情景）

对于 S5 情景，在流量保持不变的情况下，大部分河流的污染负荷有所下降，其中新宝象河、海河、清水大沟、水龙沟等河流下降程度较为显著，但大清河作为尾水外排通道承接污水处理厂尾水，流量与负荷均大幅度增加。从负荷总量来看，各项负荷量均有较大程度上升，且雨季上升程度更大。

2) 外海水质变化（S4 情景）

(1) Chla。

从时间变化来看，在 S4 情景下外海各断面叶绿素水平基本不变，仅在雨季略微下降，年均值平均下降 3.3%（图 4-14）。

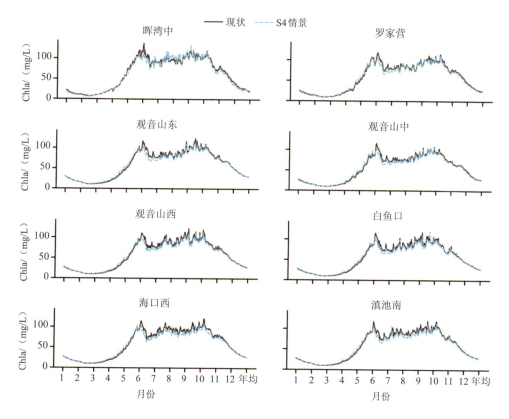

图 4-14　外海站点叶绿素对比（S4 情景）

(2) TN。

从时间变化来看，在 S4 情景下北部断面受提标改造后的尾水入湖影响较大，晖湾中断面 TN 浓度上升，年均值上升至 1.85 mg/L，增加 8.9%；罗家营断面则基本不变，年均值为 1.51 mg/L；其余断面的 TN 指标均有所改善，TN 浓度年均值平均下降 5.2%（图 4-15）。

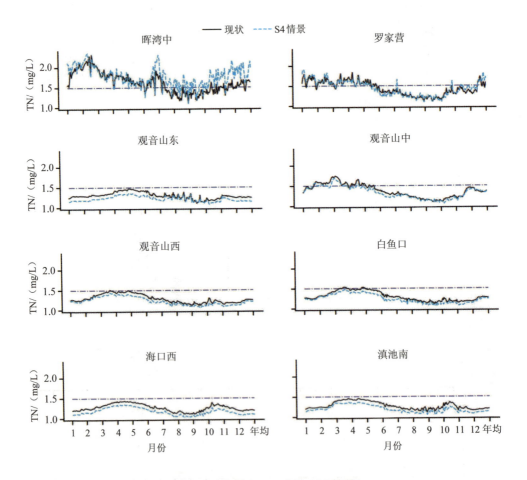

图 4-15　外海站点 TN 对比（S4 情景）

（3）TP。

在 S4 情景下，8 个断面的 TP 浓度均有所下降，北部晖湾中年均值降低 5.1%，罗家营年均值降低 6.6%，其余南部的 6 个国控断面年均值下降比例均超过 7.2%（图 4-16）。

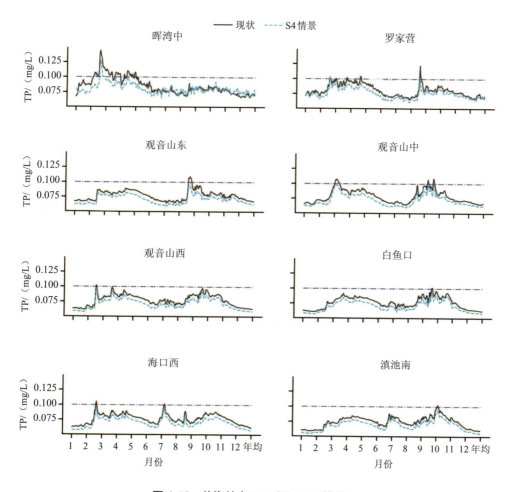

图 4-16 外海站点 TP 对比（S4 情景）

（4）COD。

在 S4 情景下与 TP 指标类似，晖湾中断面的 COD 年均值基本不变，罗家营断面则下降 6.4%，其余 6 个国控断面的 COD 浓度下降程度较高，均超过 8%（图 4-17）。

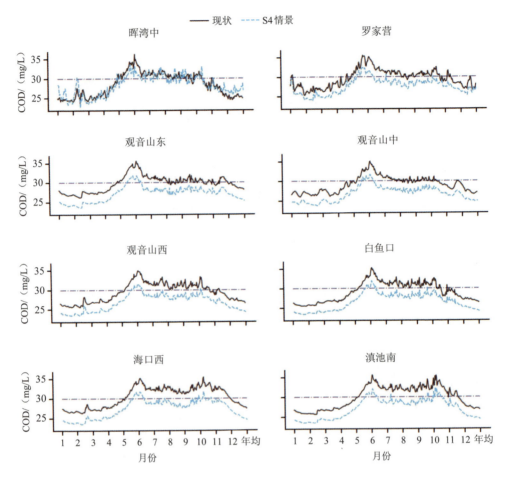

图 4-17 外海站点 COD 对比（S4 情景）

(5) NH_3-N。

在 S4 情景下与 TN 指标类似，晖湾中断面 NH_3-N 年均值上升至 0.30 mg/L，上升了 19.1%，罗家营断面 NH_3-N 浓度上升 6.4%；其余 6 个断面的 NH_3-N 浓度均整体下降，下降范围为 3.7%~14.4%，且旱季改善效果更为明显（图 4-18）。

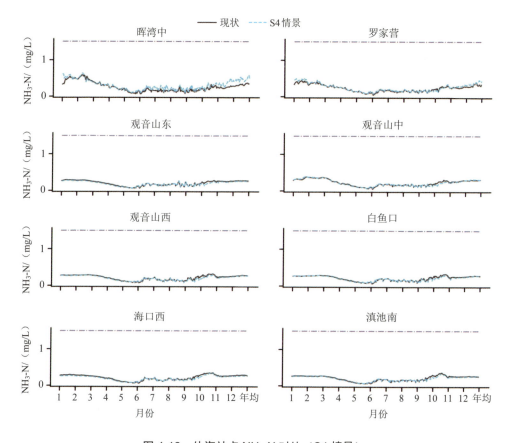

图 4-18　外海站点 NH_3-N 对比（S4 情景）

（6）总结。

在提标改造与尾水外排不协同运行的工况下，大清河承接的污水进入滇池并对其产生了较为明显的影响。同时，由于污水处理厂自身处理工艺的特点，其对 N、P 去除率存在一定差异。晖湾中、罗家营断面由于位于滇池北部，TN 和 NH_3-N 浓度呈现较为明显的上升。其余 6 个断面针对不同指标，均呈现出不同程度的改善。而叶绿素的变化较为复杂，其浓度仅在雨季略微下降，年均值平均下降 3.3%（表 4-23）。

表 4-23　提标改造与尾水外排联动后外海水质变化

断面名称	Chla		TN		TP		COD		NH$_3$-N	
	年均浓度/(mg/L)	变化程度/%	年均浓度/(mg/L)	变化程度/%	年均浓度/(mg/L)	变化程度/%	年均浓度/(mg/L)	变化程度/%	年均浓度/(mg/L)	变化程度/%
晖湾中	61.1	−3	1.9	9	0.09	−5	30.9	0	0.30	19
罗家营	56.9	−3	1.5	0	0.08	−7	29.9	−6	0.25	6
观音山西	55.5	−4	1.3	−5	0.08	−7	28.8	−9	0.19	−6
观音山中	53.7	−3	1.4	−3	0.08	−7	28.8	−8	0.22	−2
观音山东	58.0	−3	1.3	−6	0.08	−8	29.2	−9	0.19	−6
白鱼口	54.1	−3	1.3	−4	0.08	−7	28.6	−9	0.20	−5
海口西	56.4	−4	1.2	−7	0.08	−8	29.4	−10	0.20	−8
滇池南	56.5	−4	1.3	−6	0.08	−7	29.1	−9	0.19	−7

4. 牛栏江补水全部补外海的水质效益评估

1) 陆域入湖负荷变化（S3 情景）

在 S3 情景下，牛栏江的水全部补给外海，作为补水通道的盘龙江流量与污染负荷均大幅度提高，由于牛栏江补水水质 NH$_3$-N 浓度较低，使得盘龙江 NH$_3$-N 浓度上升的幅度小于 TN、TP 以及 COD；其余河流的流量与污染负荷没有变化（图 4-19）。

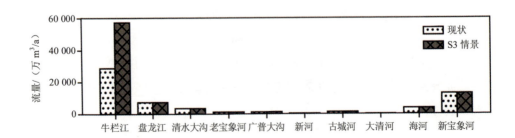

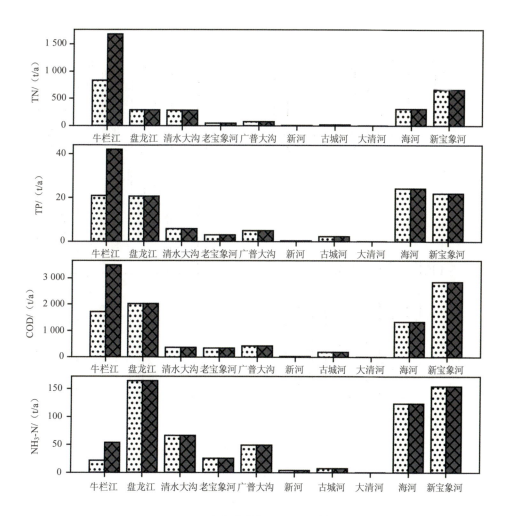

图 4-19 入湖负荷模拟对比（S3 情景）

2）外海水质变化（S3 情景）

在牛栏江的水全部补外海的条件下，TP、NH$_3$-N、COD 的浓度都小于基准情景。由于牛栏江来水的 TN 本底值偏高，加大补水量后使得 TN 浓度随之上升。而 Chla 指标则出现了轻微的下降（图 4-20）。

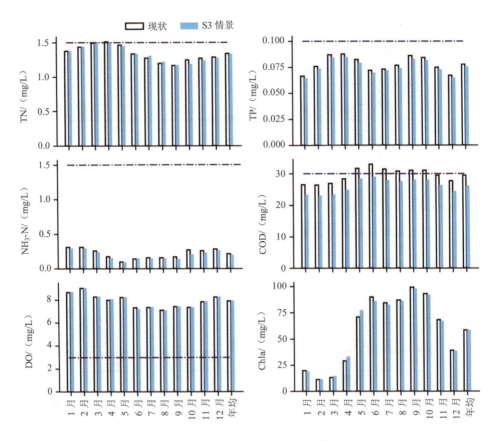

图 4-20 外海平均水质差异（S3 情景）

5. 环湖截污的水质效益评估

1）陆域入湖负荷变化

在 S5 情景下，为实现对环湖截污的水质效益进行评估，通过模型情景，关闭滇池外海环湖截污污水处理厂，其陆域负荷变化情况如图 4-21 所示。由于主要环湖截污污水处理厂的关停，陆域污水直接沿河道排入滇池，造成在总水量基本不变的情况下，部分河道入湖负荷显著升高，清水大沟、东大河、淤泥河、白鱼河以及环湖沟渠的负荷量均显著升高。

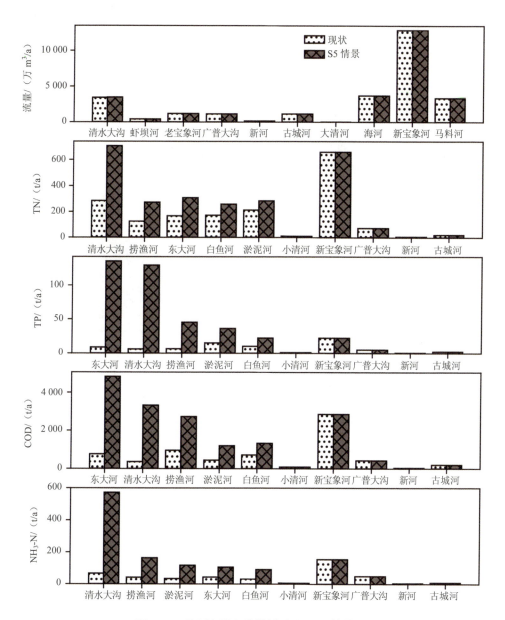

图 4-21　陆域入湖负荷模拟对比（S5 情景）

2）外海水质变化

外部负荷的显著提高严重加剧了水质恶化，TN、TP、COD 与 NH$_3$-N 指标浓度基本呈各月均有增加的态势，由于陆域 TP 负荷增加量巨大，其水质指标的上升比例也最大。对于 Chla 指标，在旱季出现轻微上升，在雨季由于河道负荷集中输入，出现了明显升高的现象，给雨季外海水质带来更严重的超标风险（图 4-22）。

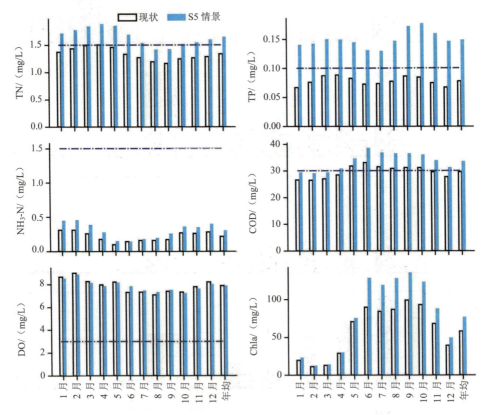

图 4-22 外海平均水质差异（S5 情景）

6. 外海入湖河流的考核目标评估

在外海入湖河流提升到考核要求情景（S6 情景）下，TN、TP、NH₃-N 和 COD 的浓度均产生了较为明显的下降，且在旱季的下降程度大于雨季。对于 Chla 指标，旱季时 S6 情景浓度与基准情况基本一致，但在雨季相比基准情景均出现了明显的下降（图 4-23）。总之，通过改善外海入湖河流水质，能够有效改善外海各个国控断面的水质情况，对 Chla 而言改善效果集中于雨季，能够更有效地降低藻类暴发期叶绿素的峰值。

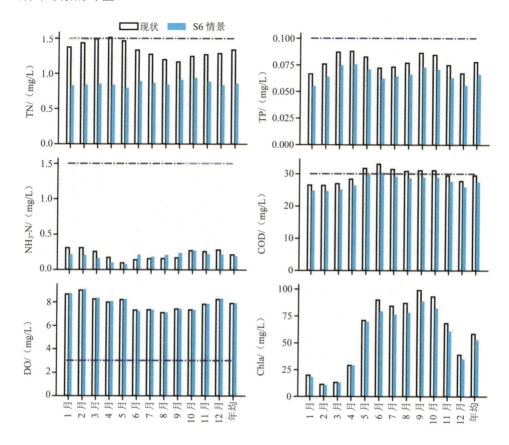

图 4-23 外海平均水质差异（S6 情景）

7. 蓝藻外排对滇池外海水质影响评估

在 S7 情景下，滇池外海水质变化情况基本一致。由图 4-24 可知，在蓝藻外排对滇池外海水质影响的情景（S7 情景）下，TN、NH_3-N、TP、Chla 的浓度与基准情况相比基本没有变化。

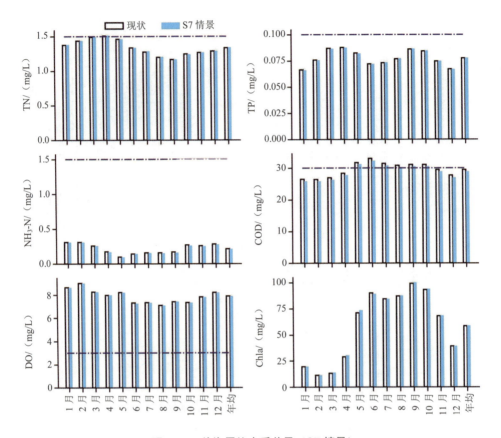

图 4-24 外海平均水质差异（S7 情景）

8. 蓝藻打捞对滇池外海水质影响评估

由图 4-25 可知，在蓝藻打捞对滇池外海水质影响（14 台设备出水进入外海）的情景下，各项水质指标基本没有变化，这反映了蓝藻打捞对滇池外海水质影响（14 台设备出水进入外海）的程度极其有限，水质并没有得到明显改善。

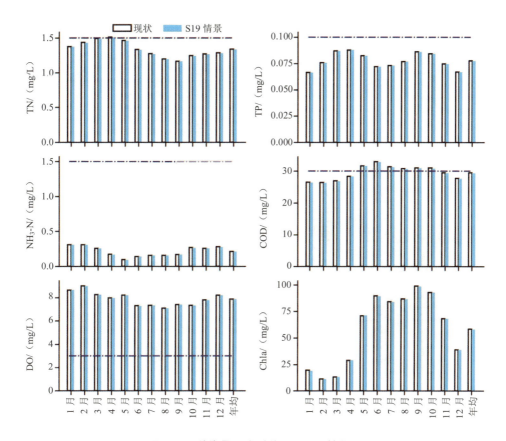

图 4-25 外海平均水质差异（S19 情景）

9. 底泥清淤对外海水质影响的初步评估

S10 情景的设计旨在评估底泥清淤对外海水质的初步影响。根据滇池内源治理工程分布，模型内底泥疏浚设置同样集中在滇池北部及西北部主要入湖河流河湾处（图 4-26）。

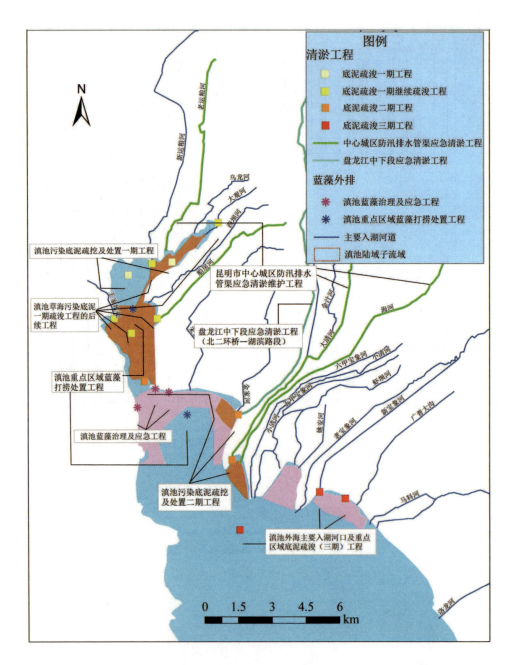

图 4-26 滇池流域内源治理工程分布

底泥疏浚的工程范围与影响主要集中在北部，由图 4-27 可知，在底泥清淤对外海水质影响的初步评估中，TN、TP、COD、Chla 的模拟值均略小于基线值，这反映了底泥清淤对水质起到改善作用，但改善程度有限。NH_3-N 浓度在部分月份反而略微升高。通过对滇池外海的底泥清淤，虽然将一部分内源负荷排出，但可能由于周边区域的淤泥暴露进而释放污染物质及底部颗粒再悬浮等水力过程，削弱了工程效益。

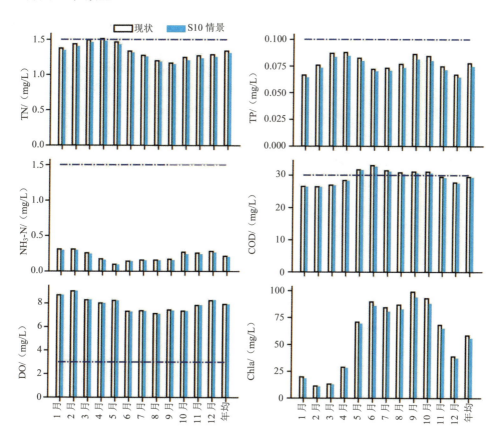

图 4-27　外海平均水质差异（S10 情景）

10. 综合评估结果

基于项目构建滇池外海陆域污染负荷迁移动态模型（基于 LSPC 软件平台）、

滇池外海三维水动力-水质-藻类模型（基于 IWIND-LR 软件平台）、滇池外海陆域-水域响应关系模型（基于 IWIND-LR 软件平台），科学刻画"工程—片区—排口—河道—湖体"响应过程。依托滇池流域陆域模型与湖体模型，通过设置不同重点工程的情景，根据模型模拟结果，评估内外源污染负荷削减对湖体水质的改善效益。

根据重点工程情景模拟结果与基准情景对比，总结存在较高超标风险的 TN、TP 以及 Chla 指标的结果，具体对比见表 4-24。牛栏江补水与尾水外排协同的水量调度，是水质改善效益最大的工程之一，能够有效降低存在超标风险的 TN、TP 浓度，提高断面水质考核达标率，且在雨季对 Chla 浓度有抑制作用。环湖截污的效果水质改善效益同样明显，能有效降低 TN、TP 浓度，在雨季对 Chla 浓度有抑制作用。以工程手段实现入湖河道稳定达标后，其对滇池外海水质的改善作用较明显，外部负荷的较大削减有助于 TN、TP 的稳定达标。虽然牛栏江补水全部补给外海有助于 TP 达标，但会造成 TN 浓度上升。污水处理厂提标改造且尾水进入滇池的水质改善效果较弱。底泥清淤与蓝藻打捞、外排的内源治理措施，经初步评估，其水质改善效果较为有限。

表 4-24　重点工程情景综合模拟评估结果

重点工程	TN 变化	TP 变化	Chla 变化
牛栏江补水+尾水外排资源化	下降明显，达标月份数从 0 个增加至 11 个	下降明显，达标月份数从 10 个增加至 11 个	旱季上升，雨季下降，达标月份数不变
环湖截污系统	下降明显，达标月份数从 6 个增加至 11 个	下降明显，达标月份数从 5 个增加至 11 个	旱季变化小，雨季下降，达标月份数不变
河道稳定达标	下降明显，达标月份数从 11 个增加至 12 个	下降明显，达标月份数从 11 个增加至 12 个	略微下降，达标月份数不变
牛栏江水全部补给外海	上升，达标月份数从 11 个减少至 7 个	下降，达标月份数从 11 个增加至 12 个	略微下降，达标月份数不变
污水处理厂提标+尾水进滇池	上升，达标月份数从 11 个减少至 10 个	1—5 月下降明显，达标月份数从 11 个增加至 12 个	略微下降，达标月份数不变
底泥清淤	几乎无变化	下降，达标月份数从 11 个增加至 12 个	略微下降，达标月份数不变
蓝藻外排和蓝藻打捞	几乎无变化	几乎无变化	几乎无变化

4.3 数据库及展示平台设计

4.3.1 数据库设计概况

1. 总体要求

数据库最终目的是服务于整个精准治污决策系统,根据本书的研究内容,结合水文、水质、信息化等各种标准,进行数据库的构建。数据库系统应具有数据输入、编辑和处理、数据分析和管理、数据更新、数据查询、统计分析、数据输出,以及数据交换、备份和维护等其他功能。

2. 建设内容

依据项目的设计内容,本项目数据主要包括4类数据,即基础空间数据、环境监测及在线观测数据、工程运行数据和模型模拟结果数据。

基础空间数据是研究构建模型的基础,也是相关监测数据空间查询统计和展示的基础。基础空间数据是指在系统中进行展示或需要通过空间关联进行查询的数据,具体而言,主要包括土地利用数据、管网数据、节点数据、排口数据、污染治理设施(污水处理厂、调蓄池、泵站、闸门、堰)分布数据、子流域边界数据、入湖河流水质监测点、外海水质监测点、水系、主城区排水小区(盘龙江、大清河、海河、采莲河等主城区主要河流系统的排水小区)数据等。

环境监测及在线观测数据是掌握区域水环境特征,对模型参数进行率定的基础,主要包括在河道、管道、排口、溢流口、湖体等进行的水质监测数据,以及河道、管道、排口、溢流口的水文观测数据。

工程运行数据主要包括污水处理厂、调蓄池以及泵站的运行相关数据。

本项目构建的模型体系主要包括4个:①滇池外海陆域污染负荷迁移动态模型;②主城区陆域模型;③滇池外海三维水动力-水质-藻类模型;④陆域-水域响应关系模拟模型。模型模拟结果数据是在数据库中存储上述模型的结果,用于结果的查询、统计和展示。

4.3.2 数据库的数据来源

1. 基础空间数据来源

土地利用数据包含两部分：①滇池流域尺度的土地利用数据，采用 30 m 分辨率的遥感影像解译；②主城区下垫面数据，采用 0.5 m 分辨率的遥感影像解译。

管网数据：由主管单位提供的经勘测核查后的管网数据。

节点数据：由主管单位提供的经勘测核查后的节点数据。

排口数据：由主管单位提供的经勘测核查后的排口数据。

污染治理设施（污水处理厂、调蓄池、泵站、闸门、堰）分布数据：由城市排水设施运营主管单位提供。

子流域边界数据：根据数字高程模型数据、管网数据进行流域子流域划分，子流域涵盖滇池外海流域范围内的主要河流，此外将重要水库的上游划分为单独的汇水单元。

水系：流域水系图。

水质监测点：滇池流域内入湖河流与湖体的国控监测点。

主城区排水小区数据：拟构建城区陆域模型的主城区河流系统的排水小区，采用管网数据、地形数据进行排水小区划分，河流系统主要包括盘龙江系统、大清河系统、海河系统、采莲河系统等（表4-25）。

表4-25 主要入湖河流

序号	河流	上游情况	主要支流（渠）
1	采莲河	城区	清水河、太家河，金柳河分支入湖
2	金家河	城区	正大河
3	盘龙江	松华坝水库	马溺河、花鱼沟等，松华坝水库上游冷水河、马溺河
4	大清河	松华坝水库	明通河、金汁河、枧槽河（海明河、清水河）等
5	海河	东白沙河水库	东干渠、溟水河等
6	六甲宝象河	城区	—
7	小清河	城区	五甲宝象河
8	虾坝河	城区	—

序号	河流	上游情况	主要支流（渠）
9	姚安河	城区	—
10	老宝象河	羊甫分洪闸	—
11	新宝象河	宝象河水库等	槽河、彩云北路截洪沟等
12	广普大沟	城区	新螺蛳湾防洪沟等
13	马料河	果林水库	老马料河分支入湖
14	洛龙河	石龙坝水库等	—
15	捞渔河	松茂水库、横冲水库	梁王河右支等
16	梁王河左支	马金铺塘	—
17	南冲河	韶山水库、李子园水库	—
18	淤泥河	白鱼河分水闸门	—
19	白鱼河	大河水库	上段称大河
20	茨巷河	柴河水库	上段称柴河
21	东大河	双龙水库、大春河水库、洛武河水库	—
22	中河	东大河分水闸	—
23	古城河	西大竹箐水库	—

2. 环境监测及在线观测数据来源

项目涉及的环境监测及在线观测数据主要包括水质监测数据、水文监测数据、气象监测数据、雨量监测数据。

水质监测数据：包含常规水质监测数据、临测数据，其中常规水质监测数据来源为昆明市环境监测站、云南省环境监测中心站，监测类型包括滇池水体、主要入湖河流、牛栏江补水口；临测数据为本项目对雨水管、合流管的降雨径流水质监测数据，污水水质监测数据，以及盘龙江上下游断面的水质监测数据。

水文监测数据：包含已有的水文站（昆明水文站、中和站、白邑站、干海子站、双龙湾站）数据以及本研究自建的水文站（含盘龙江水文站、管道流量站、溢流口液位监测站等）数据。

气象监测数据：主要为大观楼站的多要素气象数据。

雨量监测数据：主要为从气象局获取的 80 余个雨量站数据。

3．工程运行数据

根据本研究的目标，现有治理工程运行历史数据是为了评估、分析现运行状况下的区域治理效果，在系统中是为了查询、统计、分析、展示污染治理工程的相关数据与结果。具体数据情况见表 4-26。

表 4-26　流域精准治污决策的数据清单

序号	类别	细类	主要内容	频次/形式	数据来源	点位
1			水质监测数据			
1.1	常规水质监测数据	入湖河流水质监测数据	地表水常规24项监测数据	每月1次/报表	昆明市环境监测站、云南省环境监测站	入湖河流水质监测站点（国控点）：盘龙江、洛龙河、宝象河、金汁河、新河、柴河、大观河（草海）、东大河、淤泥河、老运粮河（草海）、城河（中河）、大清河、捞渔河、海河、船房河（草海）、乌龙河（草海）、西坝河（草海）、马料河；滇池草海水质监测站点（国控点）：草海中心、断桥；其他：牛栏江补水口
		外海水质监测数据	地表水常规24项监测数据	每月1次/报表	昆明市环境监测站、云南省环境监测站	滇池外海水质监测站点（国控点）：白鱼口、滇池南、观音山东、观音山西、观音山中、海口西、晖湾中、罗家营
		牛栏江补水口水质监测数据	地表水常规24项监测数据	每月1次/报表	昆明市环境监测站	牛栏江补水口
1.2	临测水质数据	盘龙江水质监测数据	TN、TP、NH_3-N、COD_{Cr}、BOD_5、SS	每月1次/报表	自行监测	瀑布公园上游 1 km 处断面、霖雨路大沟排口下游 15 m 处断面、北辰大沟排口下游 15 m 处断面、学府路大沟排口下游 15 m 处断面、敷润桥与交叉断面、严家村桥与交叉断面等

序号	类别	细类	主要内容	频次/形式	数据来源	点位
1.2	临测水质数据	盘龙江降雨径流水质监测数据	TN、TP、NH$_3$-N、COD$_{Cr}$、BOD$_5$、SS	按照降雨过程采集样品（1~4 h）/报表	自行监测	盘龙江严家村桥断面
		盘龙系统主干管水质监测数据	TN、TP、NH$_3$-N、COD$_{Cr}$、BOD$_5$、SS	d/报表	自行监测	盘江西路沣源路交叉口北侧污水干管、沣源路小康大道交叉口西北侧污水干管、盘江西路沣源路交叉口南侧污水干管、盘江西路金水湾小区西门南侧污水干管等
		盘龙江系统合流污水水质观测数据	TN、TP、NH$_3$-N、COD$_{Cr}$、BOD$_5$、SS	按照降雨过程采集样品（1~4 h）/报表	自行监测	花渔沟排口、麦溪沟排口、霖雨路大沟排口、北辰大沟排口、财大大沟排口、学府路大沟排口等
		盘龙江系统雨水管径流水质观测数据	TN、TP、NH$_3$-N、COD$_{Cr}$、BOD$_5$、SS	按照降雨过程采集样品（1~4 h）/报表	自行监测	月牙潭公园雨水口等
2	水文监测数据					
2.1	水文站		流量	d/报表	昆明市水文水资源局	盘龙江（昆明水文站、中和站、白邑站）、宝象河（干海子站）、南部晋宁大河（双龙湾站）
2.2	流量站		水位、流量	5 min/实时	自行监测	盘龙江严家村站、花渔沟排口、麦溪沟排口、霖雨路大沟排口、北辰大沟排口、财大大沟排口、学府路大沟排口
2.3	液位站		液位	5 min/实时	自行监测	花渔沟排口、麦溪沟排口、霖雨路大沟排口、北辰大沟排口、财大大沟排口、学府路大沟排口
3	气象监测数据					
3.1	气象站		气温、气压、降雨、风速、风向、辐射	h/报表	云南省气象局	大观楼站

序号	类别	细类	主要内容	频次/形式	数据来源	点位
4	雨量监测数据					
4.1	雨量站		降水量	h/报表	昆明市气象局	86个雨量站
5	工程设施运行数据					
5.1	污水处理厂		进水水量、出水水量、进水水质（TN、TP、NH₃-N、COD、SS）、出水水质（TN、TP、NH₃-N、COD、SS）	d/报表	运维方	第一污水处理厂至第十污水处理厂
5.2	调蓄池		调蓄水量	h/报表	运维方	17个调蓄池，包括采莲河调蓄池、大观河调蓄池、乌龙河调蓄池、明通河调蓄池、昆一中调蓄池、圆通山大沟调蓄池、老运粮河调蓄池、麻线沟调蓄池、小路沟调蓄池、白云路调蓄池、学府路沟调蓄池、教场北路大沟调蓄池、核桃箐大沟调蓄池、金色大道调蓄池、海明河调蓄池、兰花沟调蓄池、七亩沟调蓄池
5.3	泵站		抽排水量	h/报表	运维方	
6	模型模拟结构数据					
6.1	陆域模型	LSPC（流域尺度陆域模型）	各入湖河流入湖水量、入湖负荷（TN、TP、NH₃-N、COD）；各个子流域片区污染物排放量（TN、TP、NH₃-N、COD）	d	模型结果	
6.2	水体模型	滇池外海水体模型	动态模拟结果，包含流场、温度、TN、TP、NH₃-N、叶绿素a等	d	模拟结果	

4.3.3 数据库建设工作方法和流程

1. 工作流程

第一阶段为准备工作,主要包括制定建库方案、数据源准备、软硬件准备、数据质量检查等;第二阶段为数据采集与处理,主要包括基础空间数据、环境监测数据、工程运行数据的采集和处理、自动监测站点设备的安装与通信,以及模型构建、校准、模拟计算并提取结果;第三阶段为数据入库,包括上述四种数据的检查和入库,入库前检查数据是否标准、可用;第四阶段为系统集成,通过整个系统进行数据的使用、展示,对数据进行分析统计、数据挖掘,最后以图表动画等形式呈现在展示平台上(图4-28)。

2. 数据库标准

建设信息化项目,搭建各类信息数据库、电子地图的图式统一、系统间交互数据的传输标准,均需具有一定的数据标准规范。在数据库建设上,需要把信息化标准规范的建设作为工作重点,确保各类数据及系统的标准规范,避免建设过程及后续信息化建设的"孤岛"。本研究收集的基础数据、监测数据、模型模拟产出数据等类型的数据标准化处理入库要求,需要制定数据字典规范、数据编码标准、数据采集的标准规范、数据接口规范和数据存储标准。

3. 数据库设计

数据库设计应遵循如下原则:标准化、实用化、继承和兼容性、可扩充性和安全性。数据库设计包括概念设计、逻辑设计和物理设计3个主要过程。数据库设计是在信息分类的基础上,通过概念设计为各类信息建立关联,消除冲突,降低冗余,确保数据的完整性、一致性;逻辑设计是将数据库的概念模式转换为关系数据模式,形成数据库的二维关系结构及相关约束;物理设计主要针对数据库的存取、效率、安全等方面进行设计。

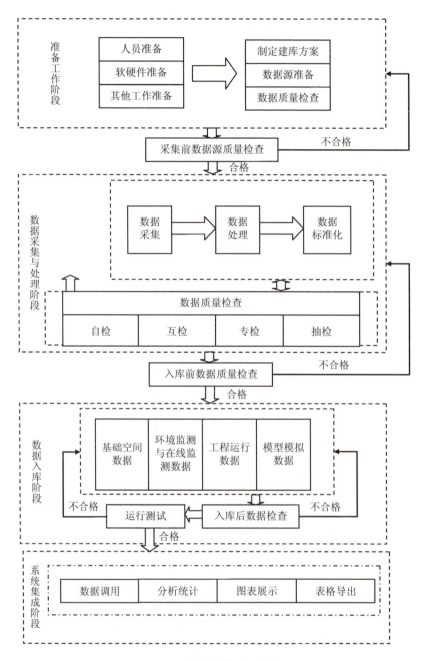

图 4-28　数据库构建工作流程

4.3.4 展示平台设计

精准治污决策研究涵盖湖体、流域、工程三部分的监测数据、模型模拟结果、工程运行数据、分析评估数据等内容。通过展示平台的构建，可以划分为"湖体""流域""工程"三个部分来进行可视化，地图上所有要素内容均有不同的互动。进一步将模型体系构建的工程评估情景纳入，通过下拉菜单切换不同情景，直观展示工程的水质效益。

1. 湖体部分

湖体部分主要展示湖体水质、污染物入湖负荷、优先达标断面。进入主页面默认显示湖体部分与陆域河道之间的对应关系，显示响应关系显著的入湖口，点击"入湖口"则显示响应关系较大的子汇水区；可通过图例切换显示指标，包括水位、水温、TP、TN等；"入湖负荷"展示进入滇池的月均水量、总磷月均负荷量、总氮月均负荷量，通过图例切换显示指标；"优先达标断面"展示湖体断面中比较容易达标的断面，并给出达标需要对污染物的削减量；使用下拉菜单选择不同情景，情景介绍改变，相应的情景数据也会发生改变。在湖体部分可以显示"动画播放"选项，可选择污染物指标，并控制开始播放和关闭动画，点击"动画反演"按钮，显示湖体网格、动画时间轴，并开始播放动画，在播放时，可以对地图进行放大、缩小、拖动，还可以通过时间轴控制播放进度。

2. 流域部分

单击"流域"按钮切换到流域相关内容，主要包括污染物入湖负荷、污染物浓度、污染物负荷构成等内容。同时，地图部分展示流域相关内容，主要是整个滇池流域以及子流域。在地图上点击某个子流域，展示该子流域中贡献比较大的子汇水区，以及该子流域内的污水处理厂；再点击"子汇水区"可显示该子汇水区污染物浓度变化过程；"入湖负荷"展示滇池流域进入湖体的月均水量、TP月均负荷量、TN月均负荷量等；流域上污染物负荷构成包括污水处理厂尾水、牛栏江补水、生活点源等不同污染物来源的占比。在流域部分可以查看流域模拟结果动画，点击"播放动画"按钮，显示动画播放选项，可选择污染物指标，并控制开始播放和关闭动画，播放时可以对地图进行放大、缩小、拖动，还可以通过时间轴控制播放进度。

3. 工程部分

工程部分主要展示流域内工程设施位置和工程效益等内容，包括工程削减及目标、"厂池站网"系统的处理水量、工程完善程度等。在地图上点击"污水厂"可以显示该污水处理厂运行数据。

4. 数据库主要功能

数据库的主要功能是提供数据的查询、下载，包括类别选择、快速搜索、站点列表、站点位置示意等。可通过类别选择或快速搜索浏览数据库中站点的数据，以及数据精度、数据来源、数据时间范围，查看或下载具体数据；快速搜索功能可在搜索框中输入关键字，会弹出快速联想字段值以供选择。站点位置示意图可以放大、缩小、平移，也可通过图例控制不同类别的站点显示/隐藏；找到需要的站点后，会弹出详细数据查看框，默认弹出的是年均统计数据，包括表格和图。根据需求，可选择需要的年份，显示月均统计数据（若该站点时间精度比月尺度高，如日、时、分），选择需要查询的月份，可以查看日尺度（统计）数据；在数据查询完成后，提供数据图表下载。

4.4 小结

滇池流域内重点工程可分为控源截污、水量调度、生态修复、内源治理四大类。2018 年的污染负荷削减量为 COD 162 116.7 t、TN 19 127.3 t、TP 3 317.7 t，其中控源截污工程污染负荷 COD、TN、TP 削减量分别约占总污染负荷削减量的 94.8%、73.19%、93.97%。为评估重点工程协同下的水质影响，本研究设计进行多情景分析，结果表明牛栏江补水与尾水外排协同的水量调度，是水质改善效益最大的工程之一，能够有效降低存在超标风险的 TN、TP 浓度，提高断面水质考核达标率，且在雨季对叶绿素浓度有抑制作用。环湖截污的效果水质改善效益同样明显，能有效降低 TN、TP 浓度，在雨季对叶绿素浓度有抑制作用。底泥清淤与蓝藻打捞、外排的内源治理措施，初步评估其水质改善效果较为有限。

第 5 章　滇池外海水质稳定达标与控制要求

5.1　外海优先达标断面及主要影响子流域识别

5.1.1　外海优先达标断面及指标

1. 国控断面水质现状

根据 2018 年滇池流域的基准情况，模拟外海全年水质，重点关注 8 个国控断面的水质达标情况。对于 TN 指标，在地表水Ⅴ类考核标准下，除晖湾中站点存在较少天数下超标外，其余所有站点均能稳定达标。而对于地表水Ⅳ类标准，晖湾中站点 80.3%的时间超标，是超标情况最严重的站点。罗家营、观音山中断面则分别有 47.7%与 38.6%的时间超标。其余站点的Ⅳ类水达标情况良好，滇池南站点实现全年达标。在地表水Ⅲ类考核标准下，所有站点均全年未能达标（图 5-1）。对于 TP 指标，在地表水Ⅴ类考核标准下，所有站点均全年稳定达标。对于地表水Ⅳ类标准，除晖湾中站点超标时间达到 24.9%，其余站点的Ⅳ类水达标情况良好，全年大部分时间都能达标。在地表水Ⅲ类考核标准下，所有站点均全年未能达标。对于 COD 指标，虽然各个断面能稳定达到地表水Ⅴ类标准，但地表水Ⅳ类标准达标存在较大难度，超标天数占比均超过 60%，罗家营与观音山东断面超标比例均达到 71%。在地表水Ⅲ类考核标准下，所有站点均全年未能达标。NH_3-N 与 DO 指标全年都远优于Ⅲ类考核标准。

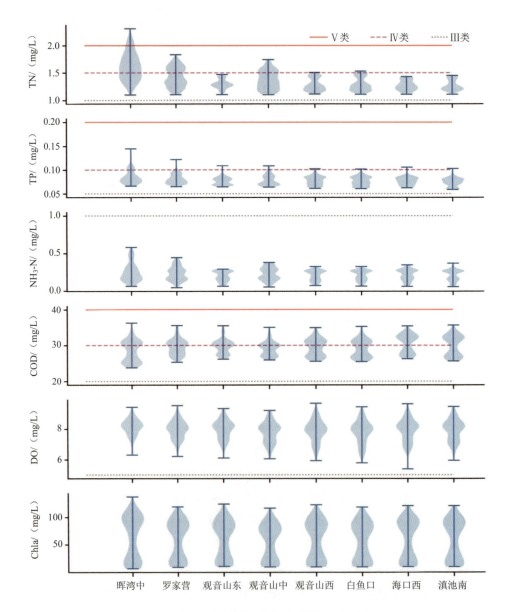

图 5-1 2018 年滇池外海国控断面的水质分布

2. 水质恶化时空分布

根据模拟结果计算 8 个国控断面的月均值,重点分析滇池外海水质恶化情况的时空特点。对滇池外海 TN 指标而言,整体呈现北部水质较差、波动较大,南部水质较好、波动较小的特点。具体而言,位于外海北部的晖湾中、罗家营和观音山中断面的 TN 浓度较高,年均值分别为 1.70 mg/L、1.51 mg/L 和 1.44 mg/L;同时其年内趋势呈现旱季高、雨季低的变化特点。滇池外海北部由于入湖河流密集,污染负荷输入集中,其水质浓度高于南部;且由于雨季外海北部的藻类生长,从水体中吸收营养物质,水体中营养盐浓度有所下降(表 5-1)。

表 5-1 2018 年各断面的 TN 月均值 单位:mg/L

断面名称	1月	2月	3月	4月	5月	6月	7月	8月	9月	10月	11月	12月	平均值
晖湾中	1.90	2.11	1.86	1.79	1.76	1.75	1.61	1.43	1.46	1.54	1.58	1.61	1.70
罗家营	1.66	1.62	1.60	1.66	1.65	1.47	1.41	1.31	1.31	1.41	1.45	1.51	1.51
观音山西	1.28	1.36	1.47	1.50	1.51	1.41	1.34	1.29	1.28	1.32	1.25	1.27	1.36
观音山中	1.51	1.61	1.64	1.58	1.55	1.43	1.38	1.29	1.25	1.29	1.39	1.41	1.44
观音山东	1.31	1.32	1.35	1.47	1.53	1.45	1.40	1.37	1.29	1.31	1.35	1.30	1.37
白鱼口	1.29	1.37	1.50	1.51	1.53	1.41	1.35	1.29	1.28	1.29	1.24	1.29	1.36
海口西	1.24	1.28	1.39	1.46	1.46	1.38	1.30	1.25	1.31	1.44	1.33	1.23	1.34
滇池南	1.26	1.30	1.44	1.46	1.47	1.38	1.31	1.29	1.32	1.41	1.28	1.22	1.34

对滇池外海 TP 指标而言,空间上表现为北部浓度偏高,南部浓度偏低。年内波动较复杂,整体呈年内先升高再降低的趋势。由于 TP 指标在Ⅳ类标准下全年达标情况良好,但在 3 月、4 月与 9 月、10 月浓度较高,具有超标风险,因此更需要重点关注(表 5-2)。

表 5-2 2018 年各断面的 TP 月均值 单位:mg/L

断面名称	1月	2月	3月	4月	5月	6月	7月	8月	9月	10月	11月	12月	平均值
晖湾中	0.09	0.11	0.11	0.11	0.10	0.09	0.09	0.09	0.09	0.09	0.08	0.07	0.09
罗家营	0.08	0.09	0.10	0.10	0.10	0.08	0.08	0.08	0.10	0.09	0.08	0.07	0.09
观音山西	0.07	0.08	0.09	0.09	0.09	0.08	0.08	0.08	0.08	0.10	0.07	0.07	0.08
观音山中	0.07	0.08	0.10	0.09	0.09	0.08	0.08	0.09	0.11	0.09	0.08	0.07	0.09

断面名称	1月	2月	3月	4月	5月	6月	7月	8月	9月	10月	11月	12月	平均值
观音山东	0.07	0.08	0.08	0.09	0.09	0.08	0.08	0.09	0.10	0.09	0.08	0.08	0.08
白鱼口	0.06	0.07	0.09	0.09	0.09	0.08	0.08	0.09	0.10	0.10	0.08	0.07	0.08
海口西	0.07	0.08	0.09	0.09	0.09	0.08	0.09	0.09	0.09	0.10	0.08	0.07	0.08
滇池南	0.06	0.07	0.08	0.09	0.09	0.08	0.09	0.09	0.09	0.10	0.08	0.07	0.08

对滇池外海 NH_3-N 指标而言，与 TN 指标一致，整体呈现出北部水质较差、波动较大，南部水质较好、波动较小的特点（表 5-3）。

表 5-3　2018 年各断面的 NH_3-N 月均值　　　　　　　　单位：mg/L

断面名称	1月	2月	3月	4月	5月	6月	7月	8月	9月	10月	11月	12月	平均值
晖湾中	0.46	0.50	0.33	0.22	0.12	0.15	0.15	0.15	0.16	0.23	0.25	0.32	0.25
罗家营	0.39	0.36	0.28	0.19	0.11	0.14	0.15	0.16	0.17	0.26	0.26	0.31	0.23
观音山西	0.27	0.27	0.25	0.16	0.10	0.15	0.15	0.14	0.19	0.29	0.24	0.27	0.21
观音山中	0.33	0.36	0.29	0.17	0.09	0.15	0.16	0.15	0.17	0.26	0.27	0.29	0.22
观音山东	0.28	0.27	0.22	0.14	0.08	0.15	0.15	0.17	0.16	0.24	0.25	0.27	0.20
白鱼口	0.27	0.28	0.25	0.16	0.10	0.15	0.15	0.14	0.19	0.28	0.25	0.27	0.21
海口西	0.28	0.27	0.23	0.16	0.09	0.15	0.15	0.17	0.21	0.32	0.26	0.28	0.21
滇池南	0.27	0.26	0.24	0.15	0.07	0.14	0.14	0.15	0.20	0.31	0.26	0.26	0.20

对滇池外海 COD 指标而言，呈现雨季浓度较高，旱季浓度较低且空间差异小的特点（表 5-4）。

表 5-4　2018 年各断面的 COD 月均值　　　　　　　　单位：mg/L

断面名称	1月	2月	3月	4月	5月	6月	7月	8月	9月	10月	11月	12月	平均值
晖湾中	26.99	28.08	27.10	29.24	34.61	35.22	34.04	33.41	33.18	32.36	29.60	27.19	30.92
罗家营	29.77	28.53	28.79	30.39	35.04	35.54	33.63	32.82	33.57	33.48	31.62	29.85	31.92
观音山西	27.66	27.95	28.42	29.57	33.39	35.46	34.34	33.62	34.11	33.74	31.36	29.21	31.57
观音山中	28.79	28.67	28.63	29.91	33.32	35.10	32.92	32.46	33.02	32.57	31.33	29.43	31.35
观音山东	28.84	28.50	28.71	30.28	34.57	35.34	33.52	32.82	33.58	33.23	32.84	30.97	31.93
白鱼口	27.38	27.55	28.15	29.28	33.13	35.35	33.74	33.45	34.09	32.95	30.83	28.92	31.24
海口西	28.51	28.52	28.73	29.82	33.87	35.78	35.16	34.58	35.44	36.68	34.24	30.48	32.65
滇池南	27.71	27.64	28.19	29.41	33.57	35.76	34.80	34.52	35.66	36.20	32.60	29.23	32.11

3. 外海藻类生长现状

根据 2018 年模拟结果,基准情况下滇池外海 8 个国控断面的藻类 Chla 浓度分布情况较为接近,年均值范围为 55.4~63.2 μg/L。结合月均值浓度可以看出,5 月进入雨季后 Chla 浓度迅速上升,10 月进入旱季后浓度迅速下降,在一年内呈先升高后降低的趋势(表 5-5)。

表 5-5 2018 年各断面的 Chla 月均值　　　　　　　　　单位:μg/L

断面名称	1月	2月	3月	4月	5月	6月	7月	8月	9月	10月	11月	12月	平均值
晖湾中	14.4	8.9	16.0	38.7	95.4	99.2	95.0	98.2	106.5	90.8	61.6	28.5	63.2
罗家营	17.9	10.7	14.5	33.1	81.8	91.1	83.5	85.5	100.3	89.7	64.2	33.0	59.1
观音山西	19.5	11.0	12.7	27.2	67.6	87.5	87.7	93.0	98.7	87.7	62.6	35.3	57.9
观音山中	19.2	10.8	12.8	29.1	68.1	86.4	75.6	81.8	94.7	84.6	62.3	35.8	55.4
观音山东	21.1	11.8	13.9	31.8	75.8	90.5	83.0	87.8	103.4	90.4	66.2	38.7	59.8
白鱼口	19.5	10.9	12.1	26.3	65.7	86.6	81.8	90.8	98.0	83.6	60.9	35.3	56.2
海口西	19.4	11.0	13.3	27.7	71.2	87.6	92.7	91.6	96.8	93.4	67.9	35.4	59.3
滇池南	20.1	11.2	12.4	27.3	71.0	87.7	90.3	90.6	100.9	93.1	64.9	35.2	59.0

5.1.2　优先控制河流识别

基于陆域-水域相应关系模型结果,获取对滇池全湖水质影响平均贡献最大的 15 条河流(表 5-6)。结果表明,对外海水质贡献较大的主要是新宝象河、海河、盘龙江、牛栏江、草海泵站等,贡献排名第 15 的老宝象河对外海的相对贡献小于 3%,因此,排名第 15 以后的河道对外海的贡献可忽略不计,不在本研究罗列的范围内。前 15 条河道对外海 4 项指标 TN、TP、COD 和 NH_3-N 的总贡献值分别是 92.5%、80.1%、89.4%和 83.7%。其中,牛栏江与草海泵站对外海 TN、TP、COD 和 NH_3-N 的水质贡献之和分别为 23.6%、11%、15.4%和 8.1%,对外海水质影响显著。

表 5-6 对滇池外海贡献较大的河流　　　　　　　　　　　单位：%

贡献顺序	河流名称	TN	TP	COD	NH$_3$-N
1	新宝象河	18.5	15.0	21.4	15.9
2	海河	6.7	12.0	6.6	11.7
3	盘龙江	7.1	9.8	6.4	13.1
4	牛栏江	16.7	4.0	8.2	0.9
5	草海泵站	6.9	7.0	7.2	7.2
6	淤泥河	6.2	5.8	8.5	3.4
7	东大河	5.0	2.9	6.0	6.6
8	马料河	5.2	4.5	5.4	4.8
9	白鱼河	4.9	3.5	6.2	3.5
10	清水大沟	7.1	1.3	5.2	3.1
11	捞渔河	3.3	3.8	3.7	3.9
12	广普大沟	1.5	3.3	1.3	3.7
13	南冲河	0.9	2.7	1.6	1.7
14	水龙沟	1.7	2.0	0.9	2.1
15	老宝象河	0.8	2.5	0.8	2.1

然而，从水质目标管理的角度来看，外海流域目前仍存在多条河流水质未达到考核目标，是潜在最需要治理的重点河道。根据模拟值，研究梳理得到 14 条年均值未达到考核目标的河道片区，对外海 TN、TP、COD 和 NH$_3$-N 的水质贡献累计分别为 30.0%、36.7%、29.5%和 34.6%。其中海河、马料河、清水大沟和淤泥河对外海的水质贡献也较大，与源解析结果的重点河道重叠（表 5-7）。

表 5-7 2018 年水质考核不达标的重点河道　　　　　　　单位：%

不达标河道	TN 水质贡献	TP 水质贡献	COD 水质贡献	NH$_3$-N 水质贡献
采莲河	0.2	1.0	0.5	0.4
广普大沟	1.4	3.2	1.2	3.6
海河	6.5	11.6	6.3	11.4
老宝象河	0.8	2.5	0.8	2.1
梁王河	0.4	1.3	0.4	1.2
六甲宝象河	0.1	1.1	0.3	0.7
马料河	5.0	4.4	5.2	4.7

不达标河道	TN 水质贡献	TP 水质贡献	COD 水质贡献	NH_3-N 水质贡献
清水大沟	6.9	1.3	5.0	3.0
水龙沟	1.7	2.0	0.8	2.0
虾坝河	0.3	0.4	0.2	0.5
小清河	0.3	0.5	0.2	0.6
新河	0.0	0.5	0.2	0.2
淤泥河	6.1	5.6	8.2	3.3
正大金汁	0.3	1.3	0.4	0.9
汇总	30.0	36.7	29.5	34.6

精准治污研究的重点是筛选出需要重点控制的河道片区。结合源解析的结果和 2018 年实际未达标的河道清单，筛选出对外海水质贡献大于 5%并包含未达标的重点河道，得到 11 条河道。其中牛栏江补水与草海泵站属于已实施的水量调度工程，暂不列入外海重点待控制河道名单。故此筛选出 9 条入湖河流，其 2018 年的具体流量及负荷见表 5-8。可以看出，这 9 条河流输入负荷占比较高，水量占比为 40%，4 项指标占比均超过了 50%，NH_3-N 的输入占比更是达到了 66%。

表 5-8 主要入湖河流 2018 年流量及负荷统计与达标情况分析

入滇河流	流量/万 m^3	TN/t	TP/t	COD/t	NH_3-N/t	2018 年水质	目标水质
新宝象河	12 822	660	22	2 843	154	Ⅳ类	Ⅳ类
盘龙江	7 354	287	21	2 020	164	Ⅲ类	Ⅲ类
捞渔河	6 450	124	6	953	41	Ⅲ类	Ⅳ类
东大河	4 643	167	8	749	42	Ⅲ类	Ⅳ类
海河	3 677	304	24	1 331	123	劣Ⅴ类	Ⅴ类
清水大沟	3 384	283	6	362	66	Ⅴ类	Ⅳ类
马料河	3 353	194	7	787	52	劣Ⅴ类	Ⅳ类
淤泥河	2 468	211	15	427	33	劣Ⅴ类	Ⅳ类
广普大沟	1 136	72	5	424	49	劣Ⅴ类	Ⅴ类
汇总	45 287	2 304	114	9 896	724	—	—
全湖占比/%	40	55	55	51	66	—	—

5.2 外海Ⅳ类稳定达标时的入湖河流控制目标与精准控制对策

5.2.1 重点河流片区负荷削减潜力计算

前述研究已得到重点控制河道（盘龙江、东大河、广普大沟、海河、新宝象河、马料河、清水大沟、捞渔河和淤泥河）与外海流域的负荷构成。然而每种负荷来源的削减潜力各不相同，研究将所有负荷来源的削减潜力加和，得到每条河流片区的总削减潜力。值得注意的是，滇池流域存在显著的旱季与雨季季节性变化特征，负荷构成差异较大，在此单独计算旱季与雨季的负荷削减潜力。计算削减潜力的主要步骤如下：

（1）生活污染分解：子汇水区是否在城区，如果是，该数值赋给新变量——城市生活；如果不是，该数值赋给新变量——非城市生活。

（2）非城区生活分解：子汇水区是否在水库上游，如果是，该数值赋给新变量——非城市生活水库上游；如果不是，该数值赋给新变量——非城市生活水库下游。

（3）点源与面源统计：每个子汇水区的点源总量包括主城区污水处理厂和环湖污水处理厂；面源包括外流域地下水补给、农田面源、建设用地地表冲刷、其他（林地、草地、裸地等地表冲刷负荷）和非城市生活。城市生活暂不考虑为点源，因为昆明污水旱天基本实现全收集，该数值多是因为溢流导致的，而溢流主要和降雨有关，发生在雨季，所以单独考虑。非城市生活分为非城市生活水库上游和非城市生活水库下游，由于只削减非城市生活水库下游，因此单独考虑。

（4）旱季与雨季总负荷统计：

旱季总负荷 = 点源×0.5 + 城市生活 ×0.2 + 面源 ×0.2 + 非城市生活水库下游 × 0.35

雨季总负荷 = 点源× 0.5 + 城市生活 × 0.8 + 面源 ×0.8 + 非城市生活水库下游 × 0.65

（5）按河道汇总：按照子汇水区的属于河道汇总，得到每条河道各项指标的加和统计值。

（6）旱季与雨季可削减量：城市生活和非城市生活水库下游可削减 90%，面源削减 40%，污水厂削减量根据污水处理厂提标 S5 情景与基线在旱季和雨季的实际差值得到：

旱季可削减量 = 污水处理厂旱季削减 + 城市生活可削减 × 0.2 + 面源削减 × 0.2 + 非城市生活水库下游削减 × 0.35

雨季可削减量 = 污水处理厂雨季削减 + 城市生活可削减 × 0.8 + 面源削减 × 0.8 + 非城市生活水库下游削减 × 0.65

（7）旱季与雨季削减比例：

旱季削减比例 = 旱季可削减量/旱季总负荷

雨季削减比例 = 雨季可削减量/雨季总负荷

根据计算，9 条重点河流的削减潜力结果见表 5-9～表 5-12。

表 5-9　重点河流 TN 负荷削减潜力

重点河流	旱季入湖负荷/t	雨季入湖负荷/t	旱季削减上限/t	雨季削减上限/t	旱季最大削减比例/%	雨季最大削减比例/%
东大河	69.9	97.8	21.4	22.5	31	23
广普大沟	14.5	58.0	11.5	46.0	79	79
捞鱼河	46.9	78.1	17.9	29.3	38	38
新宝象河	289.7	371.3	170.8	201.0	59	54
淤泥河	79.5	132.1	29.3	83.4	37	63
清水大沟	134.4	149.3	62.5	78.7	47	53
盘龙江	52.3	122.2	27.2	79.3	52	65
马料河	80.0	113.7	6.3	25.4	8	22
海河	104.2	203.2	78.5	162.6	75	80

表 5-10　重点河流 TP 负荷削减潜力

重点河流	旱季入湖负荷/t	雨季入湖负荷/t	旱季削减上限/t	雨季削减上限/t	旱季最大削减比例/%	雨季最大削减比例/%
东大河	2.7	5.9	1.1	2.9	43	50
广普大沟	1.0	3.8	0.8	3.1	81	81
捞鱼河	1.8	4.3	0.9	1.9	51	44

重点河流	旱季入湖负荷/t	雨季入湖负荷/t	旱季削减上限/t	雨季削减上限/t	旱季最大削减比例/%	雨季最大削减比例/%
新宝象河	7.7	14.1	5.3	8.8	68	62
淤泥河	4.0	10.6	2.0	5.4	50	51
清水大沟	2.4	3.3	1.0	2.6	43	80
盘龙江	3.3	8.7	2.0	5.6	60	65
马料河	2.5	4.9	0.5	2.1	21	42
海河	8.6	15.4	7.7	13.7	90	89

表 5-11　重点河流 COD 负荷削减潜力

重点河流	旱季入湖负荷/t	雨季入湖负荷/t	旱季削减上限/t	雨季削减上限/t	旱季最大削减比例/%	雨季最大削减比例/%
东大河	249.1	499.6	42.2	118.7	17	24
广普大沟	84.3	337.3	59.0	235.9	70	70
捞渔河	236.7	714.4	60.1	172.2	25	24
新宝象河	973.5	1 875.2	362.9	820.5	37	44
淤泥河	138.7	288.6	42.1	109.6	30	38
清水大沟	141.2	220.5	14.9	59.5	11	27
盘龙江	301.6	889.6	156.5	448.5	52	50
马料河	264.7	515.2	46.5	185.9	18	36
海河	354.2	975.1	197.1	645.7	56	66

表 5-12　重点河流 NH_3-N 负荷削减潜力

重点河流	旱季入湖负荷/t	雨季入湖负荷/t	旱季削减上限/t	雨季削减上限/t	旱季最大削减比例/%	雨季最大削减比例/%
东大河	16.5	25.9	2.4	6.8	14	26
广普大沟	9.9	39.5	8.0	32.0	81	81
捞渔河	12.0	28.9	4.0	11.9	33	41
新宝象河	52.9	101.6	28.8	64.3	54	63
淤泥河	8.4	25.1	3.5	10.9	42	43
清水大沟	27.2	39.0	14.6	13.2	54	34
盘龙江	29.7	76.5	19.5	56.5	66	74
马料河	13.3	38.1	4.8	19.2	36	51
海河	30.0	93.1	22.9	76.9	76	83

5.2.2 重点河流控制目标

本研究从入湖河流水质贡献出发，筛选出重点控制河道，并计算出对应的削减潜力。为满足精准治污以及国控断面水质达标的要求，需要结合重点河道的削减潜力，确定有差异的控制目标。在具体算法设计中，通过设置梯度增加的削减比例，借助模型进行多次迭代，将得到的模拟结果与预设水质标准进行对比，反馈并调整削减比例。最终，得到不同输入负荷梯度削减条件下，外海水质所对应的变化，从而刻画出水质达标与河道控制需求间的关系。

在实际优化迭代中，8个国控断面的TP、NH_3-N及COD指标，在对应外部削减的情况下，均呈快速下降趋势，达到了地表水Ⅳ类标准。但TN指标响应较小，部分站点距离达标仍有困难。结合模型模拟结果与研究发现，在TN削减的基础上，增加TP削减强度可对TN的削减起到一定的增强作用。当TN外部负荷削减达到一定强度时，藻类生长从水体中持续吸收N元素，加快了底泥作为内源向水体释放含氮物质的过程，使得外部负荷削减的效果被削弱。因此，在TN负荷削减的基础上进一步削减TP，可以抑制藻类的生长，从而间接降低水体中TN的浓度，促进TN浓度达标。

根据模型迭代结果，为使外海国控断面水质稳定达到Ⅳ类标准，所需要削减的外海重点河流削减量与削减比例分别见表5-13和表5-14。

表5-13 外海Ⅳ类水质达标时的重点河流负荷削减量　　　　　单位：t

重点河流	TN 旱季削减量	TN 雨季削减量	TP 旱季削减量	TP 雨季削减量	COD 旱季削减量	COD 雨季削减量	NH_3-N 旱季削减量	NH_3-N 雨季削减量
东大河	8.56	9	0.44	1.16	16.88	47.48	0.96	2.72
广普大沟	4.6	18.4	0.32	1.24	23.6	94.36	3.2	12.8
捞渔河	7.16	11.72	0.36	0.76	24.04	68.88	1.6	4.76
新宝象河	68.32	80.4	2.12	3.52	145.16	328.2	11.52	25.72
淤泥河	11.72	33.36	0.8	2.16	16.84	43.84	1.4	4.36
清水大沟	25	31.48	0.4	1.04	5.96	23.8	5.84	5.28
盘龙江	10.88	31.72	0.8	2.24	62.6	179.4	7.8	22.6
马料河	2.52	10.16	0.2	0.84	18.6	74.36	1.92	7.68
海河	31.28	65.04	3.08	5.48	78.84	258.28	9.16	30.76

表 5-14 外海Ⅳ类水质达标时的重点河流负荷削减比例   单位：%

重点河流	TN 旱季削减比例	TN 雨季削减比例	TP 旱季削减比例	TP 雨季削减比例	COD 旱季削减比例	COD 雨季削减比例	NH₃-N 旱季削减比例	NH₃-N 雨季削减比例
东大河	12.4	9.2	17.2	20.0	6.8	9.6	5.6	10.4
广普大沟	31.6	31.6	32.4	32.4	28.0	28.0	32.4	32.4
捞渔河	15.2	15.2	20.4	17.6	10.0	9.6	13.2	16.4
新宝象河	23.6	21.6	27.2	24.8	14.8	17.6	21.6	25.2
淤泥河	14.8	25.2	20.0	20.4	12.0	15.2	16.8	17.2
清水大沟	18.8	21.2	17.2	32.0	4.4	10.8	21.6	13.6
盘龙江	20.8	26.0	24.0	26.0	20.8	20.0	26.4	29.6
马料河	3.2	8.8	8.4	16.8	7.2	14.4	14.4	20.4
海河	30.0	32.0	36.0	35.6	22.4	26.4	30.4	33.2

滇池外海 8 个国控断面具体的水质指标对应如图 5-2～图 5-5 所示。

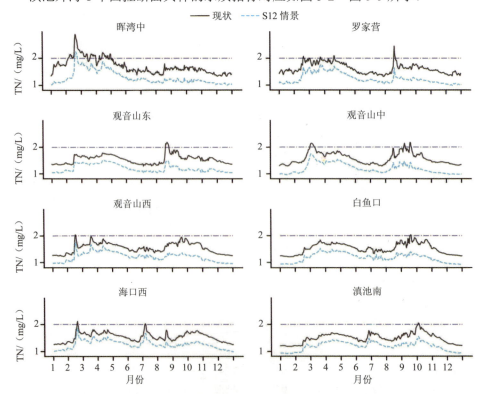

图 5-2 实现目标削减量下的外海 TN 变化

第 5 章　滇池外海水质稳定达标与控制要求

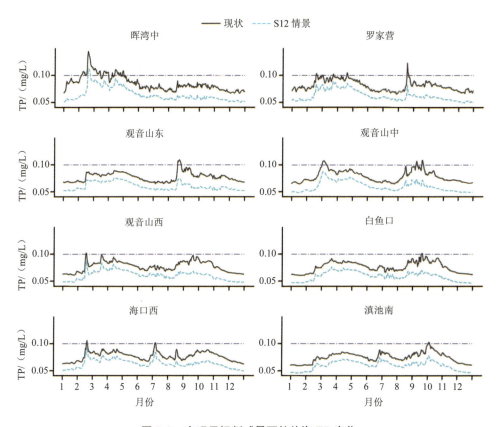

图 5-3　实现目标削减量下的外海 TP 变化

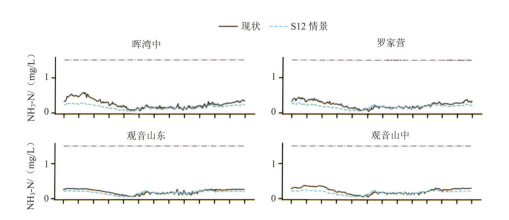

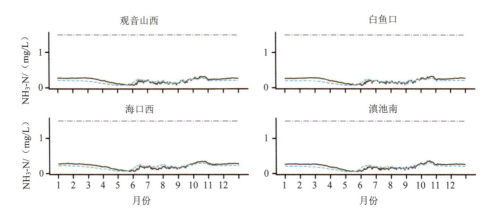

图 5-4　实现目标削减量下的外海 NH_3-N 变化

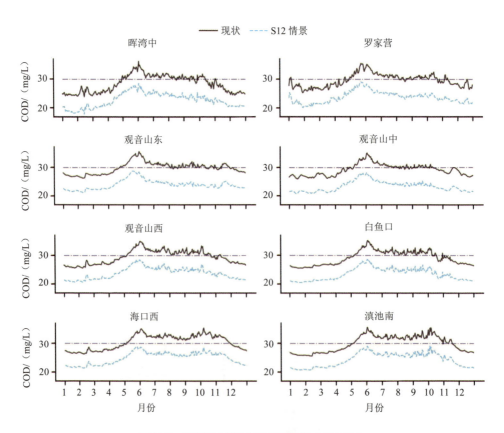

图 5-5　实现目标削减量下的外海 COD 变化

5.3 各入湖河流拟建重点工程类型与控制目标要求

5.3.1 工程清单编制

在滇池外海湖体模型和流域陆域模型建立分析的基础上,为保证滇池外海达标,根据使滇池水质达标的削减目标,对入湖重点河流、控制河流的识别,共提出 9 条优先控制河流,分别为新宝象河、盘龙江、捞渔河、东大河、海河、清水大沟、马料河、淤泥河、广普大沟。以上 9 条河流年污染物总量见表 5-15,流域需完成污染物削减目标为 COD 3 935.7 t、TN 1 059.3 t、TP 66.6 t、NH_3-N 388.3 t,见表 5-27。

表 5-15 各入湖河流的年污染物总量

入滇河流	流量/万 m^3	TN/t	TP/t	COD/t	NH_3-N/t	2018 年水质	目标水质
新宝象河	12 822	660	22	2 843	154	Ⅳ类	Ⅳ类
盘龙江	7 354	287	21	2 020	164	Ⅲ类	Ⅲ类
捞渔河	6 450	124	6	953	41	Ⅲ类	Ⅳ类
东大河	4 643	167	8	749	42	Ⅲ类	Ⅳ类
海河	3 677	304	24	1 331	123	劣Ⅴ类	Ⅴ类
清水大沟	3 384	283	6	362	66	Ⅴ类	Ⅳ类
马料河	3 353	194	7	787	52	劣Ⅴ类	Ⅳ类
淤泥河	2 468	211	15	427	33	劣Ⅴ类	Ⅳ类
广普大沟	1 136	72	5	424	49	劣Ⅴ类	Ⅴ类
汇总	45 287	2 302	114	9 896	724	—	—

为实现水环境治理工作的"精准分析、精准量化、精准防控",需考虑主要排放口对河流水质的影响。本次通过在分析基准年为使国控断面达标而需重点控制的河流、区域(子流域或排水系统片区)以及污染源分析的基础上,结合各污染源的现状产生量与滇池水质稳定达到Ⅳ类水质目标对应的污染负荷削减目标值的差值分析,在对削减潜力、可能性以及技术经济性进行比较后,提出拟建工程清单。根据工程服务的范围及目标、先后顺序,分为近期推荐工程与远期推荐工程。

5.3.2 近期推荐工程

近期推荐工程按河道流域进行划分,涉及盘龙江、海河、马料河、广普大沟4条河道(图 5-6),通过近期工程的实施,共计完成污染物削减目标为 COD 1 777.8 t、TN 202.9 t、TP 35.8 t、NH_3-N 132.9 t,见表 5-27。

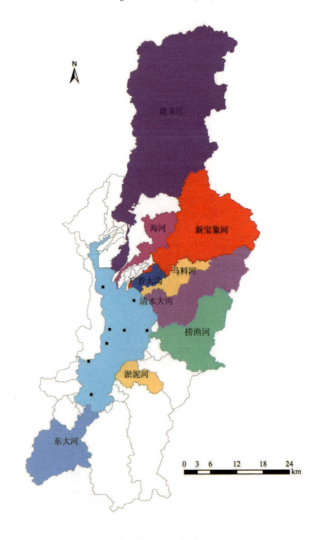

图 5-6 各河道流域示意图

1. 盘龙江

盘龙江流域需实施的节点有 3 个，分别为金星立交大沟片区节点改造、花渔沟清水通道建设工程、核桃箐大沟清水通道建设工程，结果详见表 5-16 及《城市河流片区精准治污决策研究》一书。

表 5-16　盘龙江近期推荐工程　　　　　　　　　　　　　　　　单位：t/a

序号	工程名称	主要建设内容	工程环境效益			
			TN	TP	COD	NH_3-N
1	金星立交大沟片区节点改造	鑫安路雨污混接节点改造；二环北路雨污混接节点改造	4.6	0.4	22.4	1.4
2	花渔沟清水通道建设工程	黑龙潭沟清污分流工程，黑龙潭沟蒜村段新建雨水管 850 m，剥离上游山泉水及雨水，接入沣源路雨水管；西干渠末端截污工程，西干渠汇入花渔沟口新建闸门，扩建现状西干渠抽排泵站；花渔沟末端截污口改造，在花渔沟末端截流口处设置限流阀门及沉砂设施	4.2	0.4	20.1	0.3
3	核桃箐大沟清水通道建设工程	核桃箐大沟上段清污分流工程，警苑小区排污口封堵，核桃箐路修建 750 m 污水管接二环北路污水管；二环北路中段核桃箐沟改道，接下游二环北路雨水管，恢复雨水管排口；核桃箐沟上段沉砂池建设	18.5	1.3	77.7	7.5

2. 海河

海河流域需实施的节点为官渡区排水管网系统配套完善工程，详见表 5-17。

表 5-17　海河近期推荐工程　　　　　　　　　　　　　　　　单位：t/a

工程名称	主要建设内容	工程环境效益			
		TN	TP	COD	NH_3-N
官渡区排水管网系统配套完善工程	新建 10 m 雨水管；新建截污管；对海河进行局部清淤	27.5	9.5	436.5	40.2

3. 马料河

马料河流域需实施的节点共 10 个，分别为经济技术开发区果林水库以上段"清河"行动、经济技术开发区果林水库至倪家营污水处理厂段"清河"行动、昆明经济技术开发区清水片区再生水工程、海子排水沟水环境综合整治工程、矣六街道清洁农业工程、村落污水整治、马料河入湖河口前置库建设工程、沿岸村庄管网收集完善工程、马料河排口封堵及导流工程、官渡区排水管网系统配套完善工程（表 5-18）。

表 5-18 马料河近期推荐工程 单位：t/a

序号	工程名称	主要建设内容	工程环境效益			
			TN	TP	COD	NH$_3$-N
1	经济技术开发区果林水库以上段"清河"行动	对阿拉街道和洛羊街道的 13 条支流沟渠开展清淤除障	32.9	1.1	109.5	—
2	经济技术开发区果林水库至倪家营污水处理厂段"清河"行动	对阿拉街道和洛羊街道的 13 条支流沟渠开展清淤除障	—	—	—	—
3	昆明经济技术开发区清水片区再生水工程	新建再生水加压泵站 2 座、高位水池 2 座，新建清水片区 13 条支次道路再生水管 DN100～300 mm，总长约 14 km	43.8	1.5	146.0	—
4	海子排水沟水环境综合整治工程	马料河支流，排水沟 1 500 m，截污、清淤等	4.4	0.7	32.9	—
5	矣六街道清洁农业工程	实施矣六街道矣六村周边共计 2.76 km^2 的清洁农业工程	2.2	0.2	—	—
6	村落污水整治	对小古城、麻芨村村落开展污水整治	0.5	0.0	1.8	—
7	马料河入湖河口前置库建设工程	在马料河入湖河口建设前置库	3.1	0.2	13.1	—
8	沿岸村庄管网收集完善工程	新建 DN500 mm、DN300 mm、DN200 mm HDPE 截污管，新建截污管与检查井	—	—	—	—
9	马料河排口封堵及导流工程	封堵现状排污口共计 7 处，尤其需加快对监测断面上游排口的封堵，将其引至管网	4.0	0.7	12.0	—
10	官渡区排水管网系统配套完善工程	在王官村截污系统末端新建污水提升泵井 1 座，规模为 2 400 m^3/d；新建 2.0 m×2.0 m×1.5 m 沉砂池 11 座；新建 550 m 截污管	13.8	4.8	218.3	20.1

4. 广普大沟

广普大沟流域需实施的节点有 2 个，分别为官渡区排水管网系统配套完善工程、东干渠（官渡区段）水环境综合整治工程及海明河等河道整治工程，详见表 5-19。

表 5-19　广普大沟近期推荐工程　　　　　　　　　　　　　　　　单位：t/a

序号	工程名称	主要建设内容	工程环境效益			
			TN	TP	COD	NH$_3$-N
1	官渡区排水管网系统配套完善工程	沿昆洛路东侧新建 2 300 m 污水收集管	41.3	14.3	654.8	60.3
2	东干渠（官渡区段）水环境综合整治工程及海明河等河道整治工程	新建截污堰及 110 m 截污管；清除河底淤泥 1.72 万 m^3	2.1	0.7	32.7	3.0

5.3.3　远期推荐工程

远期推荐工程按 9 条重点污染物控制河流进行划分，共涉及 10 个项目，其中 8 个为建设项目，2 个为研究项目。根据各项目服务范围与控制河流的流域比较，部分项目服务范围涉及 2 个控制河流流域。新建东南片污水处理厂工程服务范围为海河及新宝象河流域，洛龙河污水处理厂提标改造工程服务范围为广普大沟及清水大沟流域。随着远期推荐工程的实施，共计完成污染物削减目标为 COD 31 281.5 t、TN 2 854.3 t、TP 662.9 t、NH$_3$-N 2 636.4 t，见表 5-27。

1. 盘龙江

盘龙江流域远期推荐工程共有 4 个，其中 2 个为建设项目，2 个为研究项目。建设项目分别为第十四污水处理厂扩建工程、盘龙江片区二环路外排水系统微改造工程；研究项目分别为盘龙江片区"厂池站网"联合调度策略研究、盘龙江片区排水系统外来水入渗研究。通过以上工程的实施，每年可完成的污染物削减量为 COD 963.0 t、TN 159.0 t、TP 16.0 t、NH$_3$-N 128.0 t，详见表 5-20 及《城市河流片区精准治污决策研究》一书。

表 5-20　盘龙江远期推荐工程　　　　　　　　　　　　　　　　　　　　　单位：t/a

序号	工程名称	主要建设内容	工程环境效益			
			TN	TP	COD	NH$_3$-N
1	第十四污水处理厂扩建工程	启动第十四污水处理厂扩建工程，处理规模由 10 万 m^3/d 扩建至 20 万 m^3/d	159.0	16.0	963.0	128.0
2	盘龙江片区二环路外排水系统微改造工程	针对盘龙江片区二环路外区域，核查现状，封堵雨水排口，对上游雨污混接节点进行改造，剥离污水，恢复末端排口；在盘龙江片区实施 3.17 km^2 的屋面雨水剥离微改造	—	—	—	—
3	盘龙江片区"厂池站网"联合调度策略研究	第十四污水处理厂建设完成后，针对盘龙江片区新形成的排水体系，开展系统的旱、雨天水量监测，明确盘龙江各分区的水量分配情况，以旱天厂一站一网最优化运行，雨天片区主要溢流口日降水量 20 mm 以下不溢流为控制目标，研究片区"厂池站网"联合调度策略	—	—	—	—
4	盘龙江片区排水系统外来水入渗研究	结合排水管网监测和现场调查，分区域从山泉水混入、地下水入渗、河水倒灌等方面研究盘龙江片区排水系统外来水入渗情况，对外来水入渗影响明显的区域提出外来水剥离及管网修复等工程建议	—	—	—	—

2. 海河及新宝象河

海河及新宝象河流域远期推荐工程为新建东南片污水处理厂工程，通过该工程的实施，每年可完成的污染物削减量为 COD 19 366.6 t、TN 1 783.9 t、TP 423.2 t、NH$_3$-N 1 221.8 t，详见表 5-21。

表 5-21　海河及新宝象河远期推荐工程　　　　　　　　　　　　　　　　单位：t/a

工程名称	主要建设内容	工程环境效益			
		TN	TP	COD	NH$_3$-N
新建东南片污水处理厂工程	新建 20.0 万 m^3/d 的污水处理设施；新建 47.0 万 m^3/d 的初雨处理设施；新建配套管线 7.9 km	1 783.9	423.2	19 366.6	1 221.8

3. 马料河

马料河流域远期推荐工程为倪家营污水处理厂二期改扩建及倪家营污水处理厂一、二期极限脱磷降氮工程，通过该工程的实施，每年可完成的污染物削减量为 COD 963.0 t、TN 359.6 t、TP 11.9 t、NH_3-N 359.6 t，详见表 5-22。

表 5-22　马料河远期推荐工程　　　　　　　　　　　　　　　　单位：t/a

工程名称	主要建设内容	工程环境效益			
		TN	TP	COD	NH_3-N
倪家营污水处理厂二期改扩建及倪家营污水处理厂一、二期极限脱磷降氮工程	倪家营污水处理厂土建工程、设备安装	359.6	11.9	963.0	359.6

4. 广普大沟及清水大沟

广普大沟及清水大沟流域远期推荐工程为洛龙河污水处理厂提标改造工程，通过该工程的实施，每年可完成的污染物削减量为 COD 876.0 t、TN 219.0 t、TP 9.9 t、NH_3-N 87.6 t，详见表 5-23。

表 5-23　广普大沟及清水大沟远期推荐工程　　　　　　　　　　单位：t/a

工程名称	主要建设内容	工程环境效益			
		TN	TP	COD	NH_3-N
洛龙河污水处理厂提标改造工程	更新现状处理设备，同时按 8.5 万 m^3/d 的规模提标改造，使出水水质达到"双五"标准；改造大清河泵站；新建大清河泵站至环湖东路截污管的 D400 压力管；新建十一厂至十二厂的重力传输管 2 500 m	219.0	9.9	876.0	87.6

5. 捞渔河

捞渔河流域远期推荐工程为捞渔河污水处理厂提标改造工程，通过该工程的实施，每年可完成的污染物削减量为 COD 2 438.5 t、TN 164.3 t、TP 66.8 t、NH_3-N 65.7 t，详见表 5-24。

表 5-24　捞鱼河远期推荐工程　　　　　　　　　　　　　　　　　　单位：t/a

工程名称	主要建设内容	工程环境效益			
		TN	TP	COD	NH_3-N
捞鱼河污水处理厂提标改造工程	对捞鱼河污水处理厂进行提标改造，使出水水质达到昆明市的"双五"标准	164.3	66.8	2 438.5	65.7

6. 淤泥河

淤泥河流域远期推荐工程为南冲河截污工程，通过该工程的实施，每年可完成的污染物削减量为 COD 2 245.8 t、TN 182.5 t、TP 58.7 t、NH_3-N 73.0 t，详见表 5-25。

表 5-25　淤泥河远期推荐工程　　　　　　　　　　　　　　　　　　单位：t/a

工程名称	主要建设内容	工程环境效益			
		TN	TP	COD	NH_3-N
南冲河截污工程	新建 11.3 km 长截污管	182.5	58.7	2 245.8	73.0

7. 东大河

东大河流域远期推荐工程为昆阳污水处理厂提标改造工程，通过该工程的实施，每年可完成的污染物削减量为 COD 4 428.8 t、TN 548.1 t、TP 76.5 t、NH_3-N 498.3 t，详见表 5-26。

表 5-26　东大河远期推荐工程　　　　　　　　　　　　　　　　　　单位：t/a

工程名称	主要建设内容	工程环境效益			
		TN	TP	COD	NH_3-N
昆阳污水处理厂提标改造工程	对昆阳污水处理厂进行提标改造，使出水水质达到昆明市的"双五"标准	548.1	76.5	4 428.8	498.3

通过以上近期推荐工程及远期推荐工程的实施，每年新增的污染物削减量为 COD 33 059.2 t、TN 3 057.1 t、TP 698.7 t、NH_3-N 2 769.3 t，能够完成滇池水质达标的削减目标，见表 5-27。

第 5 章 滇池外海水质稳定达标与控制要求

表 5-27 近期、远期推荐工程的污染负荷削减量

单位：t/a

河道名称	污染物削减量目标				近期推荐工程削减量				远期推荐工程削减量				推荐工程合计削减量			
	TN	TP	COD	NH$_3$-N	TN	TP	COD	NH$_3$-N	TN	TP	COD	NH$_3$-N	TN	TP	COD	NH$_3$-N
盘龙江	106.5	7.6	605.0	76.0	27.3	2.1	120.2	9.3	159.0	16.0	963.0	128.0	186.3	18.1	1 083.1	137.3
海河	240.8	21.4	842.8	99.8	27.5	9.5	436.5	40.2	1 221.8	423.2	19 366.6	1 783.9	1 824.1	432.7	19 803.1	1 249.4
新宝象河	371.8	14.1	1 183.4	93.1	—	—	—	—	—	—	—	—	—	—	—	—
马料河	31.7	2.6	232.4	24.0	104.7	9.2	533.6	20.1	359.6	11.9	963.0	—	464.1	21.0	1 496.5	20.1
广普大沟	57.5	3.9	294.9	40.0	43.4	15.0	687.5	63.3	219.0	9.9	876.0	87.6	262.4	24.9	1 563.5	150.9
清水大沟	47.2	2.8	232.3	15.9	—	—	—	—	164.3	66.8	2 438.5	65.7	164.3	66.8	2 438.5	65.7
捞渔河	47.2	2.8	232.3	15.9	—	—	—	—	182.5	58.7	2 245.8	73.0	182.5	58.7	2 245.8	73.0
淤泥河	112.7	7.4	151.7	14.4	—	—	—	—	548.1	76.5	4 428.8	498.3	548.1	76.5	4 428.8	498.3
东大河	43.9	4.0	160.9	9.2	—	—	—	—								
合计	1 059.3	66.6	3 935.7	388.3	202.9	35.8	1 777.8	132.9	2 854.3	662.9	31 281.5	2 636.4	3 057.1	698.7	33 059.2	2 769.3

5.4 小结

滇池外海水质不同区域差异明显，呈现北部水质较差、波动较大，南部水质较好、波动较小的特点。从削减陆域负荷输入的角度出发，以子流域对滇池水质贡献最大和水质达标为标准，筛选出新宝象河、盘龙江、捞渔河、东大河、海河、清水大沟、马料河、淤泥河与广普大沟共 9 条重点治理河道。9 条河流输入量占比较高，水量占比为 40%，4 项水质指标（TN、TP、COD、NH_3-N）负荷输入量均超过了 50%，其中 NH_3-N 的输入占比达到了 66%。考虑这些河道的负荷来源，计算每条河道在旱季与雨季的削减潜力，并以此为约束优化每条河道的削减量以达到稳定达标的目的。在对削减潜力、可能性以及技术经济性进行比较后，提出拟建的近期推荐工程与远期推荐工程。近期推荐工程以排水系统节点改造、清水通道建设、河道整治与再生水利用为主，远期推荐工程以污水处理厂新建与改扩建、"厂池站网"联合调度、河道截污等为主，实现目标削减量。

第 6 章　结论与建议

本书以滇池外海水质目标为约束,将流域整体与重点示范区相结合,从"湖体→河流入湖口→河道→片区→重点工程"实现逐级的上游追溯和水质效益评估,辨识对滇池外海水质改善效益明显的重点片区和重点治理工程,量化重点入湖口、入湖口对应的片区和片区内治理工程对滇池水质改善的贡献,提出重点控制区域和控制工程对策,从而回答滇池治理所关注的"经验总结、污染源解析、治理工程"三大核心问题。取得的主要成果包括:形成一套国内首创的流域水环境多尺度精准治污决策技术体系;科学定量评估流域系列综合治理对污染物削减及水质改善的双重成效;确立"常规、亲民、长效"的滇池"1+1+1"递进治理模式以及"厂网河湖"一体、水质约束、系统优化、监测保障的原则,提出"以 9 个河道管控区为重点、以骨干排水系统完善与联动增效为核心、以雨季应急调度为提升、以局部生态修复为突破、以科学工程决策为辅助"的系统治理方案。

6.1　滇池治理的成效

6.1.1　滇池外海湖体水质改善显著

"十三五"期间,滇池流域的保护治理进入攻坚阶段,"厂网河湖"系统性综合治理趋势逐步凸显。"六大工程"体系基本形成,滇池保护治理取得了显著成效,流域水环境、水生态和水资源状况明显改善,水质企稳向好。2018—2020 年滇池外海水质均值整体达到Ⅳ类,其中,NH_3-N 实现全年Ⅳ类稳定达标,TP 基本实现全年Ⅳ类达标,TN 全湖Ⅳ类达标率为 83.3%,pH、COD 超标情况仍较严重,且 TP、COD、TN 的达标难度依次增加;中部和南部断面(观音山东、观音山中、观音山西、白鱼口)预计将优先达标,北部断面(晖湾中、罗家营)达标相对较为困难。

2018年,在Ⅳ类标准下,TN全湖达标率为83%;TP指标改善最为明显,基本稳定在Ⅳ类水,且空间差异性不大,年内时间波动较小,8个国控点中白鱼口站点TP最高;COD时空差异性较大,其中晖湾中COD最高;$NH_3\text{-}N$全湖全年稳定达标。观音山东、观音山中、观音山西、白鱼口最容易优先达标,其次是罗家营、海口西、滇池南,最难达标的是晖湾中。TP虽然存在部分断面的短期超标,但超标天数与程度均较低,随着治理工程的推进,可以实现优先达标。8个国控点中COD指标均存在较为严重的超标现象,但COD对外部负荷削减的响应较为迅速,其达标顺序优先于TN。TN指标整体呈现出北部的晖湾中、罗家营、观音山中站点超标天数占比大、浓度高的情况,且由于湖泊营养物质内部循环过程,TN指标实现全湖达标的困难最大。

为进一步说明水质变化趋势,对1999—2020年的湖体水质的时间序列趋势变化进行了统计分析,发现TP浓度呈稳定下降趋势,TN浓度也呈现明显下降;藻类Chla的浓度尽管仍然处于高位,但年均值和波动范围进一步变小。从对滇池湖内N、P的各生物地化循环模拟和核算结果可知,各通量过程普遍呈下降趋势,这预示着随着外源污染物输入量降低,滇池湖体的富营养化态势正在逐步好转。在全球大型浅水湖泊富营养化态势加剧的背景下,滇池的治理成效毫无疑问提升了公众和决策者对湖泊富营养化治理的信心。

6.1.2 "六大工程"与系列综合治理措施稳定支撑了滇池水质的持续改善

滇池的水质变化说明,自"九五"以来滇池流域实施的"六大工程"与系列综合措施(尤其是控源截污工程),取得了明显且稳定的成效,发挥了骨干的污染削减作用。以2018年为例,滇池流域的控源截污、水量调度、生态修复与内源治理等重点工程污染负荷削减量就达到了COD 162 413 t、TN 18 709 t、TP 3 316 t,即总产生量的86%、75%和91%,污染得到了有效控制,大大减轻了滇池入湖的压力。其中:

(1)流域控源截污工程中,"厂池站网"工程年处理污水量共65 116万m^3、污染负荷削减量为 COD 162 413 t、TN 18 709 t、TP 3 316 t。主城区第一污水处理厂至第十二污水处理厂处理水量约 54 242 万 m^3，污染负荷削减量为 COD 143 038 t、TN 13 031 t、TP 2 812 t。

（2）尾水外排工程外排入湖尾水与合流污水 45 713 万 m^3，削减入湖污染负荷 COD 8 324 t、TN 4 499 t、TP 146.4 t。

（3）生态修复工程年削减污染负荷 COD 103.7 t、TN 218 t、TP 14.5 t。其中，滇池外海环湖湿地建设"四退三还"工程可直接核算的污染负荷削减量约为 COD 103.7 t、TN 67.35 t、TP 10.95 t；已建的王官湿地、斗南湿地和东大河湿地削减入湖污染负荷为 TN 150.7 t、TP 3.57 t。

（4）内源治理工程分为清淤工程和蓝藻处置工程两方面，年削减污染负荷为 TN 411.4 t、TP 39.26 t。其中，滇池底泥疏浚项目共清除滇池底泥 375.3 万 m^3，污染负荷削减量约为 TN 76.4 t、TP 1.96 t；蓝藻打捞项目打捞处置藻泥 7 945 t，打捞富藻水 865.7 万 m^3，削减污染负荷 TN 334.9 t、TP 37.3 t。

对滇池水质响应的模拟结果表明：

（1）现运行的牛栏江补水与尾水外排协同的水量调度，是重点工程清单中水质改善效益最大的工程，能够有效降低存在超标风险的 TN、TP 浓度，提高断面水质考核达标率，使 TN 达标月份数从 0 个增加至 11 个，TP 达标月份数从 10 个增加至 11 个，在对藻类控制上，虽然出现了旱季的小幅上升，但在雨季对叶绿素浓度有显著抑制作用。

（2）环湖截污的水质改善效果同样明显，有效降低了 TN、TP 浓度，TN 达标月份数从 6 个增加至 11 个，TP 达标月份数从 5 个增加至 11 个，在雨季对藻类浓度有抑制作用。

（3）以工程手段实现入湖河道的月水质稳定达标后，对滇池外海水质的改善作用较明显，将 TN、TP 达标月份数从 11 个增加至 12 个。

（4）与现状相比，如果将牛栏江补水再次全部补给外海，可实现 TP 的全年达标，但会造成 TN 浓度上升，TN 达标月份数从 11 个减少至 7 个。

（5）若污水处理厂实现"双五"提标改造且尾水不再外排而排入滇池后，TN 的达标月份将从 11 个减少至 10 个；但 1—5 月 TP 的浓度下降，达标月份数从 11 个增加至 12 个。

（6）底泥清淤与蓝藻打捞、外排的内源治理措施的水质改善效果体现在局部区域，其对全湖的水质效益与控源截污工程的影响相对较小。

6.2 滇池治理的挑战

6.2.1 重点控制工程尚需优化运行与提升增效

1. 控源截污

通过对入滇的 26 条主要河道的污水收集系统现状进行分析评估，有 6 条河道截污系统基本完善，分别为正大河、盘龙江、广普大沟、淤泥河、白鱼河、茨巷河；有 16 条河道截污系统不完善，分别为采莲河、金家河、大清河、海河、小清河、虾坝河、姚安河、新宝象河、马料河、清水大沟、洛龙河、捞渔河、南冲河、东大河、中河、古城河；有 4 条河道未敷设河道截污管，分别为六甲宝象河、老宝象河、水龙沟、梁王河。

2. 水量调度

水量调度工程在滇池流域水资源开发利用、水生态恢复和水环境提升等方面具有重要作用。其中，污水处理厂尾水外排及资源化利用工程有直接的入湖污染负荷削减作用，且在水量平衡方面是牛栏江—滇池补水工程实施的重要保障和前提。由于核算对象中第三污水处理厂、第七污水处理厂、第八污水处理厂、第九污水处理厂涉及提标改造工程，提标后污水处理厂尾水外排的污染负荷削减效益将大大降低，同时低浓度尾水外排将造成水资源浪费。

3. 生态修复

滇池外海环湖湿地建设"四退三还"工程新增湖滨湿地 3 600 hm^2，若按《滇池外海环湖湿地建设工程评估报告》单位面积湿地污染负荷削减能力核算，污染负荷削减量可达 COD 8 817 t/a、TN 3 889 t/a、TP 87.8 t/a；斗南湿地与王家堆湿地预期污染负荷削减量为 COD 166 t/a、TN 73.3 t/a、TP 1.5 t/a。目前，滇池流域生态修复工程完成的湿地实际污染负荷削减能力与理论环境效益仍有较大差距。

4．内源治理

底泥疏浚和蓝藻打捞对减少滇池湖泊内源污染的释放有重要抑制作用。相对于底泥疏浚工程，蓝藻处置工程具备机动应急能力，且直接处理湖体中的藻源性内源污染物，污染负荷削减效率较高。根据内源治理工程污染负荷削减量核算结果，清淤工程对滇池内源污染负荷削减量较少；而蓝藻处置工程直接处理湖体中的藻源性内源污染物，污染负荷削减量明显高于清淤工程对滇池内源污染负荷的削减。由于大规模清淤工程对湖底的扰动较大，在清除湖泊底泥污染的同时，也破坏了湖泊底泥吸附释放的平衡条件和湖底水生生态基底，不利于湖泊水生生态系统的构建和稳定。

6.2.2　河湖水质稳定达标仍存在一定差距

针对入湖河流，通过模型进行核算与模拟，结果显示，以Ⅲ类地表水（河流标准）为目标的 3 条河流中，洛龙河与牛栏江补水能满足全年达标；盘龙江在接受牛栏江调度补水后，TP、NH_3-N 和 COD 指标能够实现全年达标。以Ⅳ类地表水标准为目标的 19 条河流，其整体情况较差，除东大河和捞渔河全年达标外，其余河流均有不达标月份，且未达标月份超过 6 个月的河流有 11 条。广普大沟、海河、六甲宝象河均未达到地表水Ⅴ类水标准。就水质指标而言，NH_3-N 影响最为突出，其超标时间和超标倍数均较大，其次是 TP 指标。

统计滇池流域 2017—2018 年各入湖河道的年平均污染负荷量，盘龙江对滇池流域的入湖负荷贡献最大，其次为新宝象河。其中包含牛栏江补水的盘龙江的 COD、NH_3-N、TN、TP 年均入湖量分别为 4 051.54 t、258.04 t、1 324.44 t、48.99 t，占比分别为 16%、16%、21%、17%。新宝象河的 COD、NH_3-N、TN、TP 年均入湖量分别为 3 068.64 t、163.44 t、706.36 t、24.62 t，占比分别为 12%、10%、11%、8%（见附表）。滇池流域北侧（尤其是盘龙江和新宝象河）对 COD、NH_3-N、TN、TP 的入湖量贡献均较大，西侧沟渠区对 COD、NH_3-N、TN、TP 的贡献量均最小，南侧 COD 入湖量较大，白鱼河和淤泥河 TP 的入湖量较大。

针对滇池外海，结合河流监测数据和模型源解析结果，筛选出东大河、广普大沟、捞渔河、新宝象河、淤泥河、清水大沟、盘龙江、马料河以及海河共 9 条对水质贡献突出的重点河流。为使得外海国控断面水质稳定达到Ⅳ类水标准，通过模型迭代计算，所需要负荷削减的流域重点河流旱季整体削减情况分别为 TN 削减 170.04 t，TP 削减 8.52 t，COD 削减 392.52 t，NH_3-N 削减 43.4 t；雨季整体削减情况分别为 TN 削减 291.28 t，TP 削减 18.44 t，COD 削减 1 118.6 t，NH_3-N 削减 116.88 t。

根据模拟，仅控制上述 9 条重点河道无法满足外海稳定达到Ⅲ类水标准的目标。即使在最大削减量下，除本身就能够达标的 NH_3-N 指标外，TN 指标中仅有 4 个站点可以达到Ⅲ类标准，TP、COD 指标全部不能满足Ⅲ类标准，仍需结合内源削减、水量调度等措施。

6.2.3 滇池治理效果的评估亟须由总量绩效向水质绩效转变

随着财政投入的大力支持，滇池流域的水污染处理能力不断完善，尤其是近年来显著提高，以污水处理能力为例，从 2008 年的 20 252.4 万 m^3，增长到 2018 年的 62 823.1 万 m^3（图 6-1）。水污染处理能力的提高为滇池水质改善打下了坚实的基础。"十三五"期间，滇池流域的保护治理进入攻坚阶段，"厂网河湖"系统性综合治理趋势逐步凸显，2018 年水质首次改善到Ⅳ类。然而，在流域内基础的水污染处理缺漏被补齐的基础上，仅仅依靠持续加大工程投入的规模效应，实现滇池水质的持续改善，无疑是困难且昂贵的，寻找水环境治理的增量，需要依靠科学且精准的新的方向。在城市发展和市政规划的压力下，未来新建环保工程项目，其要求必然会更加严谨与科学。同时，现有工程设施的运行使用仍有提升的空间，根据《滇池流域水污染防治"十三五"规划》的相关评估结果，由于配套设施、管理、运行等方面尚不完善，滇池治理工程的环境效益未能全部得到发挥。其中总量减排与水环境质量改善间的关联不清晰，必须实现工程削减总量向工程水质绩效评估的转变，并进一步回答"现有工程的水质效益评估、工程对水质改善的贡献、未来重点工程方向"等系统问题。未来管理工作的重点将转向流域内现有工程环境效益如何实现提升增效，联合调度以发挥最大环境效益，精准治污以实现滇池水质达标等方面。

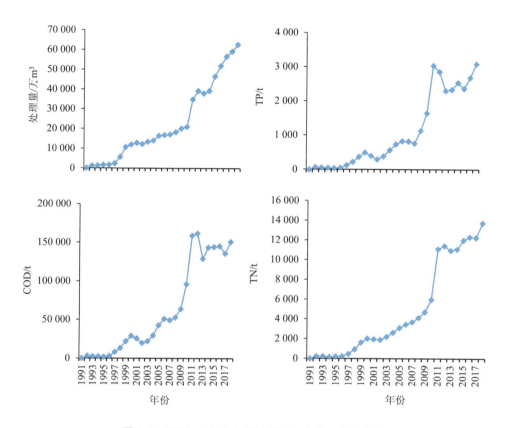

图 6-1　1991—2018 年滇池流域污水处理能力变化

6.3　滇池治理的建议

6.3.1　秉持"草海—外海整体考虑、内源—外源协同治理、陆域入流—水域外排平衡协同"的综合治理、系统治理、源头治理思路

尽管滇池水质取得了明显的改善，但以国际及国内湖泊治理的整体态势来分析，未来进一步改善的难度在增大，下面从 4 个方面来分析：

（1）湖泊治理是一个非线性且复杂、长期的过程。在滇池以及我国的太湖、美国伊利湖等均出现了 N、P 污染入湖量降低，但藻类暴发仍然居高不下的情况。

加上滇池具有半封闭、进水多而出水少、进水浓度高而出水浓度低的特点，滇池相较于长江中下游湖泊有更强的累积效应，这就需要对滇池演变的规律给予高度关注，对内源、外源的关联做更多分析。

（2）从水质达标情况来看，目前采用的是年均值达标，这是一种比较宽松的达标评价方式。随着"十四五"国家对水环境考核的加严，需要进一步考虑滇池水质的月均值稳定达标及草海与外海的整体治理。

（3）城市雨天溢流及面源贡献需要进一步重视。滇池的入湖负荷在时间分布上呈现显著的雨季高、旱季低的特点。由于滇池流域雨季降水集中，合流制管网片区形成较大溢流，滇池水质呈现旱季水质良好、雨季超标风险严重的现象。雨季溢流带来的冲击效应，又进一步促使藻类浓度在雨季短期内急剧升高。

（4）已有工程措施在取得巨大成效的同时，仍然存在运行效能尚待提升的问题。要进一步做好两个方面的工作，一是不同治理设施的联合优化与提能增效，充分发挥已有设施的环境效益；二是需要对各单项工程做进一步的优化提升以及对河湖水质的定量评估。

"十四五"时期的滇池治理面临巩固、提效、削峰的三重压力，需继续坚持"系统治理、精准治理、科学治理和长效治理"的基本思路，实现"固城、削峰、控排、联调、稳复"。具体而言，为系统探索影响滇池水体水质稳定达标的关键因素，持续支撑滇池水质改善与长效蓝藻控制，需以工程评估与提升为核心，遵循"草海—外海整体考虑、内源—外源协同治理、陆域入流—水域外排平衡协同"的基本原则，在"常规指标"（水质考核指标）稳定Ⅳ类达标的前提下，提升"亲民指标"的改善效果（大幅削减重点区域、重点时段的蓝藻浓度峰值），并建立滇池水质持续改善的长效且科学的支撑体系。为此，本书提出"常规、亲民、长效"的滇池"1+1+1"递进治理模式，推进"以9个河道管控区为重点、以骨干排水系统完善与联动增效为外部保障、以雨季补—排系统应急调度为提升、以湖内局部内源治理与生态修复联合为突破、以科学工程决策为辅助"的系统方案。其要点在于：

- 固城：城市排水系统提升的长效治理手段；
- 削峰：面山雨洪、城市溢流、农业面源；
- 控排：水质目标倒推的重点河流、重点排口控制，污水处理厂提标改造；

- 联调：入流、外排体系的常规优化调度和应急调度；
- 稳复：重点区域底泥疏浚、蓝藻外排打捞分区，推进分步骤、分阶段的生态修复。

6.3.2 实施精准治污决策导向下的工程建设与提升增效，持续夯实流域排水系统设施的骨干体系

推荐工程以河道流域为单位，通过分析现状污水系统中收集、处理等方面存在的问题，结合工程实施的可行性，分近期及远期推荐实施。主要涉及盘龙江、海河、马料河、广普大沟、新宝象河、清水大沟、捞渔河、淤泥河、东大河 9 条河道，通过近期、远期工程的配合实施，拟实现污染物削减目标为 COD 3 935.7 t、TN 1 059.3 t、TP 66.6 t、NH_3-N 388.3 t。

其中，近期工程主要以污水收集系统中错接、漏接节点微改造工程，管网完善工程为主，进一步提升清污分流，减少雨污混接，同时还结合河道沟渠、管道的清淤等工程，以实现内源的有效控制，短期内有效削减污染物；实施面山清水直接入滇工程，大幅降低城市排水系统压力；实施洛龙河污水处理厂扩建工程、第十三污水处理厂扩建工程、第十四污水处理厂扩建工程；推进大清河截污管线外来水入流入渗剥离示范工程，新建东南片污水处理厂工程，倪家营污水处理厂二期改扩建及倪家营污水处理厂一期、二期极限脱磷降氮工程。远期工程主要从多河道流域及多污水系统匹配运营的片区整体角度出发，以新增、提标改造污水处理设施，进一步细化片区雨污分流，优化"厂池站网"调度运营，进一步剥离管道外来水及管网修复的管网提质增效工程等相关措施为主。通过近期、远期工程的配合实施，各河道流域均能实现污染物削减的目标。

同时针对拟实施的各项工程，形成各工程类型的实施技术要求，分别从管网雨污的分流、污水处理厂的改扩建、"厂池站网"的联合调度、调蓄池及一级强化等溢流控制措施方面，统一技术路线，为工程的实施提供前期的技术指引。

6.3.3 优化水资源分配与调度运行，大幅削减湖体北部重点区域、雨季重点时段的蓝藻生物量峰值

综合再生水利用、西园隧道外排与牛栏江—滇池补水等出入湖水量调度能力，

开展滇池流域出入湖水量多种时空组合联合调度与应急调度，达到在夏季局部时间大幅削减蓝藻浓度的目的；围绕滇池湖滨湿地建设规模、湿地类型、运行状况进行梳理研究与提升改造，缩小滇池流域生态修复工程完成的湿地实际污染负荷削减能力与理论环境效益间的差异；在湖泊底泥污染释放风险较高的局部区域开展底泥清淤；在滇池南部、东部实施以自然恢复为主的生态修复工程，在滇池北岸局部区域开展蓝藻打捞与外排、底质吹填、底质改造与人工水生植物种植相结合的示范，构建局部良性生态系统。

6.3.4 建设流域"厂网河湖"一体化工程决策模拟实验室，支持滇池水质持续提升与蓝藻控制的科学评估与长效决策

建立以单项工程提升与系统联动优化相结合、以"河湖水质目标为约束、城市排水系统为骨干、监测网络体系为依托"的"厂网河湖"一体化工程决策模拟实验室，支持滇池水质持续提升与蓝藻控制的长效工程决策。具体而言：①草海片区治理工程的水质改善效益评估与提升，完善草海片区与外海片区城市管网模型，研发草海水动力-水质-水生植被响应模型，将外海—草海作为一个整体考虑，评估草海片区治理工程的水质改善效益，提出提升工程方案；②底泥疏浚与蓝藻打捞的水质影响评估及工程布局设计，开发底泥模块，评估底泥疏浚与蓝藻打捞的水质影响，提出工程布局及技术标准规则；③流域环湖截污的水量—水质系统评估与工程效益提升，兼顾农村农田与城市来源的污染负荷及相应的负荷削减效益，评估滇池流域环湖截污的水量—水质关系，提出提升工程效益的途径；④流域骨干排水系统的西园隧道水质影响与调度规则确定，构建能够描述关联通道、排水片区、构筑物等骨干系统的管网模型，评估流域骨干排水系统的西园隧道水质影响，确定主要的调度规则；⑤典型城市排水关联区精准治污决策与工程优化，在考虑不同河流与片区污水传输关系的基础上，提出典型城市排水关联区的精准治污决策与工程优化方案；⑥以昆明市相关机构为依托，建立工程决策模拟实验室与集约治滇平台，确定目标导向、长期支持、持续更新、团队联合的工作机制。

1. 模型支撑体系的深度完善

构建模型体系是工程决策模拟实验室的基础与核心，包括陆域"厂池站网"模型、河流水动力-水质模型与湖体三维水动力-水质-水生态模型。

陆域"厂池站网"模型从排水系统规划、建设、运行、管理的实际技术需求出发，结合项目实施经验和研究进展，梳理排水系统模型构建的研究方法和技术路线，得到如图 6-2 所示从宏观到微观不同层面的"厂池站网"评估模型构建及应用模式：①在宏观层面可建立的应用模型推荐 LSPC、HSPF 等流域模型，目的是基于对区域总体管网覆盖率、污水收集率和雨污分流/合流条件的宏观判定，定量分析雨/污水和负荷产生量以及入河/湖量，并可将其作为河湖水质-水动力模型的边界条件。在实现模型耦合后，可以宏观上评估雨污负荷、管理措施、河湖水质之间的定量关系，为以水质目标为导向的排水系统片区负荷削减提供控制目标方面的定量依据。在流域主要排水片区中，适合于数据基础较差的片区。②在亚宏观层面可建立的应用模型推荐 SWMM、Infoworks 等骨干管网模型，目的是分析旱季主干管工程技术特征与水量匹配性，粗略分析雨季雨、污水协同冲击下的骨干管网传输能力，为主干管重要关联调蓄池或泵站建设提供决策参考。这适合于有一定数据基础，工程体系尚不完善的东南片区。③在微观层面可建立的应用模型推荐 SWMM、Infoworks 等精细化管网模型，目的是对于基本建设完成的"厂池站网"体系进行评估和问题诊断，为系统进入后建设期的运行维护和升级提供决策支持。深度分析管网拓扑关系与现状管网问题，评估旱、雨季精确到排口的负荷排放量，分析不同气象条件和规划条件下"厂池站网"运行的匹配性，对于现有的"厂池站网"系统进行问题诊断，为分片区的改善升级和优化调度提供技术基础。在流域主要排水片区中，适合数据基础较好且工程体系较为完善的片区。

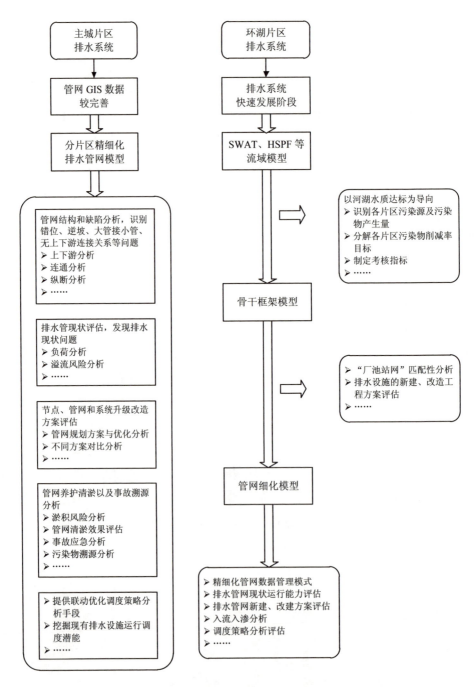

图6-2 陆域"厂池站网"模型体系

河流水动力-水质模型需要相对准确地量化流域里面污染物从产生、排放、入河到入湖的过程，根据不同的应用目标和基础数据条件，可以相应地构造不同空间分辨率的河流模型。具体而言，滇池流域入湖河流模型在开发目标和应用目标方面可以分成3个层面：①宏观层面推荐LSPC、HSPF等流域模型，目的是从相对宏观的层面（10 km或以上长度河段）动态模拟河道流量及水质对于陆域点源/面源来水和污染负荷的响应，可总体把握河道水质随着陆域水文负荷条件的动态变化而产生的变化，评估不同陆域污染负荷削减措施对于入湖污染负荷的贡献。②微观层面推荐IWIND-LR、Intelway-AW、Intelway-SA、EFDC等水动力模型，目的是对相对小尺度的水动力和水质过程（基于模型网格）在横向和纵向的空间维度上进行解析，精细地动态模拟特定的入湖河道流量和水质对于陆域点源/面源来水及污染负荷的响应，把握不同的河道断面沿着河道横截面不同位置的水质随不同排口的水量水质动态变化而产生的变化，可评估河道水质恶化关键区域，并可以进一步构造数值源解析模型，定量分解不同污染源对特定水质断面的个体和集合贡献，用于支撑针对特定河道水质达标的小流域的精准治污决策。这一层次的模型，在《城市河流片区精准治污决策研究》一书中，针对滇池盘龙江片区形成了从陆域模型到河道水动力-水质模型，再到高分辨率数值源解析模型体系的构建。在"十四五"期间，将有可能针对其他重要河流，进行小流域层面的精准治污模型开发和应用。③亚微观层面推荐Intelway-RQ、Intelway-RSA等模型，目标是更准确地把握水和污染物在这种复杂河道—河网体系里面的传输转化和归宿，为升级优化和调度污染控制工程措施，需要针对一些重点的河流系统开发更高分辨率和连接复杂度的模型体系，实现动脉—静脉—毛细血管层次模型体系的构造。这一层次的模型是对微观层次模型的升级，除了实现微观层面的模型所具有的决策支持功能外，还可以对多河道的联合调控提供决策支撑工具。这一层次的模型，在滇池流域目前尚不具备适用条件。预计在"十四五"期间可以进行河网数据勘察，末期可以开始探索性工作，界定需要进行这个层面模型开发的河流—河网范围，并进行适当的核心技术研发工作。在未来的"十五五"期间则可根据实际的管理决策需求进行深度的开发和应用工作。

湖泊三维水动力-水质-水生态模型对于滇池这种高度复杂的湖泊，必须能够比较精准地表达湖体里面所进行的主要动力学过程，尤其是污染物在湖体里面的迁移转化、藻类和营养盐交互动力学过程、营养盐—溶解氧—藻类—底泥交互动力学过程以及垂直方向的光—温度—营养盐与整个水质水生态系统的交互动力学过程。基于过去将近10年的研究，发现对于滇池这种大型的富营养化湖泊，构造简单的水质-水动力模型，几乎无法真正对滇池的流域治理和湖体工程进行可靠的定量评估。推荐的模型有EFDC、IWIND-LR等。能从宏观层面定量解析不同入湖河流的污染负荷对于滇池不同水质考核断面的贡献比例，确定流域优先控制的入湖河流小流域；评估滇池针对不同水质目标的负荷容纳水平（即环境容量）。从亚宏观层面，定量评估滇池流域不同污染控制工程措施对于滇池水质的改善效果。从微观层面，定量评估湖体原位污染控制措施，如底泥疏浚/蓝藻打捞等工程措施的时空分布和规模对于滇池湖体水质改善的时空定量特征等。通过对流域模型、入湖河道模型和各种数据的耦合，最终把流域和湖体里面的工程管理措施以及流域治理的关键目标——滇池水质-水生态改善定量地关联起来，为滇池保护的决策支撑提供核心工具。

2. 集约治滇平台构建

为系统探索影响滇池水体水质稳定达标的关键因素，持续支持滇池水质改善与长效蓝藻控制，需构建统一的决策分析平台，对滇池外海现有模型体系进行深度耦合，深化滇池水质改善的长效机制研究，定量评估"十四五"期间重点工程的水质与生态效益，基于断面水质目标识别污染控制要求，选取重点入湖河道进行重点区域的精准治污研究。结合未来政策的新要求开发流域范围内新的工程模拟模块，对"十四五"及以后滇池治理的工程布局提出优化方案。平台内容包括：

（1）"十四五"期间重点污染源识别。"十四五"期间，将结合滇池流域最新的工程布局变化以及流域层面的社会经济变化，识别需要重点治理的污染源，同时针对湖体生态修复等重点工程，完善外海湖体流域耦合模型，建立健全草海-湖体流域耦合模型，并对1~2条重点河流进行重点溯源以及精细化工程布局研究。对滇池外海流域水文水质模型、外海三维水动力-水质模型、外海源解析模型及草海三维水动力-水质模型进行升级，研发草海流域水文水质模型及草海水体源解析模型，耦合草海流域管网模型，进一步对外海及草海水体水质进行源解析，定量评估影响外海及草海不同空间水体处的污染源的贡献比重。基于草海源解析结果，选取1~2条重点河流，建立河流模型，研发陆域管网模型和河流模型的耦合模型，对河流水质进行深度源解析，溯源到不同排口对河流水质的污染贡献情况，指导重要断面的水质达标管控措施的制订，实现"十四五"水质持续改善和蓝藻长效控制有的放矢。

（2）滇池流域环湖截污决策支持系统。"十三五"期间，滇池流域污染治理工程评估主要集中在城市污染源控制工程上，而没有把城市污染控制工程的效益评估纳入更高一层的城市—农村农业污染复合体系的维度进行考虑。"十四五"期间将对流域工程评估的系统维度进行扩展，兼顾农村农田与城市来源的污染负荷及相应的负荷削减效益，进一步提升滇池流域污染治理决策支持体系的完备性，从而使环湖截污、农田面源治理等措施的工程效益评估更加完善与严谨。应对上述技术需求，将对现有流域水文水质模型的农村农业模块进行升级，如升级农田施肥冲刷模拟机制、农田施肥与壤中流地下水污染交互模块、农村区域点源在河岸—河道累积降解与冲刷模块和农业灌溉—面源负荷关联模拟模块等；另外也拓展工程措施模拟覆盖面，兼顾并重农村/城市区域，如环湖截污综合考虑对城市污水及农业、农村污水的截留。将新升级的模块整合到已有滇池外海决策支持体系中。

（3）基于滇池水质达标的流域工程措施定量评估及优化决策。目前滇池外海已具备初步的系统决策支持模型体系，但草海却缺乏综合城市管网、流域、水体的模型系统来指导决策支持。通过开发草海流域水文水质模型、管网模型、草海三维水动力-水质模型，实现三大模型体系之间的信息流初步耦合，耦合分析建立污染源、水体、藻类的响应关系。对"十四五"期间相关重点工程研发精细化模拟评估模块，升级模型体系的工程评估功能，如除藻模块、水生植被修复模块、调水模块等，持续性提供"十四五"期间重点工程的水质与生态效益定量评估结果。通过定量分析这些工程在未来的最佳投入力度，能提高工程投入的绩效，并探索负荷削减、底泥疏浚、蓝藻打捞等不同措施的优化组合，使多种措施通过最佳组合方式发挥其最大的水质改善作用。

（4）滇池流域未来工程布局的决策支持建议。结合未来政策的新要求，在外海流域决策支持体系基础上，针对"十四五"以后滇池治理的新工程项目研发特定的工程模块，如外海入湖河流清淤模块、污水处理厂再生水就地就近使用工程模块、再生水管道新建工程、昆明第一污水处理厂西坝河补水工程等，并建立与草海及外海北部河口底泥疏浚模块的接口，进行大规模的不确定性分析，为未来"十五五"工程布局提出可靠的优化方案，对拟开展工程进行深入的定量评估，并与现有"厂网河湖"模型、流域模型、水体模型等进行综合集成，明确为实现滇池水质的全面提升需提前谋划并重点实施的治理项目并预先评估其水质改善效果，为更远期的滇池流域长效决策支持奠定基础。

参考文献

AHLVIK L,EKHOLM P,HYYTIäINEN K,et al. 2014. An economic-ecological model to evaluate impacts of nutrient abatement in the Baltic Sea [J]. Environmental Modelling & Software,55:164-175.

AHMADI M,RECORDS R,ARABI M. 2014. Impact of climate change on diffuse pollutant fluxes at the watershed scale [J]. Hydrological Processes,28:1962-1972.

ALBERT MOSES S,JANAKI L,JOSEPH S,et al. 2014. Determining the spatial variation of phosphorus in a lake system using remote sensing techniques [J]. Lakes & Reservoirs:Research & Management,19:24-36.

ALLAWI M F,JAAFAR O,HAMZAH F M,et al. 2018. Review on applications of artificial intelligence methods for dam and reservoir-hydro-environment models [J]. Environmental Science and Pollution Research,25:13446-13469.

ALLEN J I,HOLT J T,BLACKFORD J,et al. 2007. Error quantification of a high-resolution coupled hydrodynamic-ecosystem coastal-ocean model:Part 2. Chlorophyll-a,nutrients and SPM [J]. Journal of Marine Systems,68:381-404.

ANAGNOSTOU E,GIANNI A,ZACHARIAS I. 2017. Ecological modeling and eutrophication—a review [J]. Natural Resource Modeling,30:e12130.

ANDRÉASSIAN V,LERAT J,LOUMAGNE C,et al. 2007. What is really undermining hydrologic science today? [J]. Hydrological Processes,21:2819-2822.

BAI H,CHEN Y,WANG D,et al. 2018. Developing an EFDC and numerical source-apportionment model for nitrogen and phosphorus contribution analysis in a lake basin [J]. Water,10:1315.

BATES B C,CAMPBELL E P. 2001. A Markov chain Monte Carlo scheme for parameter estimation and inference in conceptual rainfall-runoff modeling [J]. Water Resources Research,37:937-947.

BEHZADIAN K,KAPELAN Z,SAVIC D,et al. 2009. Stochastic sampling design using a multi-objective genetic algorithm and adaptive neural networks [J]. Environmental Modelling & Software, 24: 530-541.

BEVEN K, BINLEY A. 1992. The future of distributed models: model calibration and uncertainty prediction [J]. Hydrological Processes, 6: 279-298.

BHAGOWATI B, AHAMAD K U. 2019. A review on lake eutrophication dynamics and recent developments in lake modeling [J]. Ecohydrology & Hydrobiology, 19: 155-166.

BICKNELL B R, IMHOFF J C, KITTLE JR J L, et al. 2001. Hydrological simulation program-FORTRAN [M]. user's manual for version 12. US EPA, Georgia.

BINGNER R, THEURER F, YUAN Y. 2007. AnnAGNPS technical processes: documentation version 4.0 [M]. USDA-ARS National Sedimentation Laboratory, Oxford, Miss, USA.

BLASONE R-S, MADSEN H, ROSBJERG D. 2008. Uncertainty assessment of integrated distributed hydrological models using GLUE with Markov chain Monte Carlo sampling [J]. Journal of Hydrology, 353: 18-32.

BORSUK M E, HIGDON D, STOW C A, et al. 2001. A bayesian hierarchical model to predict benthic oxygen demand from organic matter loading in estuaries and coastal zones [J]. Ecological Modelling, 143: 165-181.

BURGER D F. 2006. Dynamics of internal nutrient loading in a eutrophic, polymictic lake (Lake Rotorua, New Zealand) [M]. The University of Waikato.

BURGER D F, HAMILTON D P, PILDITCH C A. 2008. Modelling the relative importance of internal and external nutrient loads on water column nutrient concentrations and phytoplankton biomass in a shallow polymictic lake [J]. Ecological Modelling, 211: 411-423.

BZDUSEK P A, CHRISTENSEN E R, LI A, et al. 2004. Source apportionment of sediment PAHs in Lake Calumet, Chicago: application of factor analysis with nonnegative constraints [J]. Environmental Science & Technology, 38: 97-103.

CAI C, LI J, WU D, et al. 2017. Spatial distribution, emission source and health risk of parent PAHs and derivatives in surface soils from the Yangtze River Delta, eastern China [J]. Chemosphere, 178: 301-308.

CARRARO E, GUYENNON N, HAMILTON D, et al. Coupling high-resolution measurements to a three-dimensional lake model to assess the spatial and temporal dynamics of the cyanobacterium Planktothrix rubescens in a medium-sized lake[C]//Phytoplankton responses to human impacts at different scales. Springer, 2012: 77-95.

CARVALHO L, MCDONALD C, DE HOYOS C, et al. 2013. Sustaining recreational quality of

European lakes: minimizing the health risks from algal blooms through phosphorus control [J]. Journal of Applied Ecology, 50: 315-323.

CERCO C F, NOEL M R. 2013. Twenty-one-year simulation of Chesapeake Bay water quality using the CE-QUAL-ICM eutrophication model [J]. JAWRA Journal of the American Water Resources Association, 49: 1119-1133.

CHEN J-N, ZHANG T-Z, DU P-F. 2002. Assessment of water pollution control strategies: a case study for the Dianchi Lake [J]. Journal of Environmental Sciences, 14: 76-78.

CHEN V C, TSUI K-L, BARTON R R, et al. 2006. A review on design, modeling and applications of computer experiments [J]. IIE Transactions, 38: 273-291.

CHRISTENSEN E R, BZDUSEK P A. 2005. PAHs in sediments of the Black River and the Ashtabula River, Ohio: source apportionment by factor analysis [J]. Water Research, 39: 511-524.

CHU-AGOR M L, MUÑOZ-CARPENA R, KIKER G, et al. 2011. Exploring vulnerability of coastal habitats to sea level rise through global sensitivity and uncertainty analyses [J]. Environmental Modelling & Software, 26: 593-604.

COOPER R J, KRUEGER T, HISCOCK K M, et al. 2014. Sensitivity of fluvial sediment source apportionment to mixing model assumptions: AB ayesian model comparison [J]. Water Resources Research, 50: 9031-9047.

COOPER V, NGUYEN V, NICELL J. 1997. Evaluation of global optimization methods for conceptual rainfall-runoff model calibration [J]. Water Science & Technology, 36: 53-60.

CRAWFORD J T, LOKEN L C, CASSON N J, et al. 2015. High-speed limnology: Using advanced sensors to investigate spatial variability in biogeochemistry and hydrology [J]. Environmental Science & Technology, 49: 442-450.

CUI Y, ZHU G, LI H, et al. 2016. Modeling the response of phytoplankton to reduced external nutrient load in a subtropical Chinese reservoir using DYRESM-CAEDYM [J]. Lake and Reservoir Management, 32: 146-157.

DEBELE B, SRINIVASAN R, PARLANGE J-Y. 2008. Coupling upland watershed and downstream waterbody hydrodynamic and water quality models (SWAT and CE-QUAL-W2) for better water resources management in complex river basins [J]. Environmental Modeling & Assessment, 13: 135-153.

DILKS D W, CANALE R P, MEIER P G. 1992. Development of Bayesian Monte Carlo techniques for water quality model uncertainty [J]. Ecological Modelling, 62: 149-162.

DING S, CHEN M, GONG M, et al. 2018. Internal phosphorus loading from sediments causes seasonal nitrogen limitation for harmful algal blooms [J]. Science of the Total Environment, 625: 872-884.

DONG F, LIU Y, SU H, et al. 2015. Reliability-oriented multi-objective optimal decision-making approach for uncertainty-based watershed load reduction [J]. Science of the Total Environment, 515: 39-48.

DONG F, LIU Y, WU Z, et al. 2018. Identification of watershed priority management areas under water quality constraints: A simulation-optimization approach with ideal load reduction [J]. Journal of Hydrology, 562: 577-588.

DUAN H, TAO M, LOISELLE S A, et al. 2017. MODIS observations of cyanobacterial risks in a eutrophic lake: Implications for long-term safety evaluation in drinking-water source [J]. Water Research, 122: 455-470.

ELLISON A M. 2004. Bayesian inference in ecology [J]. Ecology Letters, 7: 509-520.

ELSHORBAGY A, ORMSBEE L. 2006. Object-oriented modeling approach to surface water quality management [J]. Environmental Modelling & Software, 21: 689-698.

FABBRI D, VASSURA I, SUN C-G, et al. 2003. Source apportionment of polycyclic aromatic hydrocarbons in a coastal lagoon by molecular and isotopic characterisation [J]. Marine Chemistry, 84: 123-135.

FEN C-S, CHAN C, CHENG H-C. 2009. Assessing a response surface-based optimization approach for soil vapor extraction system design [J]. Journal of Water Resources Planning and Management, 135: 198-207.

FORRESTER A I, KEANE A J. 2009. Recent advances in surrogate-based optimization [J]. Progress in Aerospace Sciences, 45: 50-79.

FOSSATI M, PIEDRA-CUEVA I. 2008. Numerical modelling of residual flow and salinity in the Rio de la Plata [J]. Applied Mathematical Modelling, 32: 1066-1086.

FU B, MERRITT W S, CROKE B F, et al. 2019. A review of catchment-scale water quality and erosion models and a synthesis of future prospects [J]. Environmental Modelling & Software, 114: 75-97.

GAL G, MAKLER-PICK V, SHACHAR N. 2014. Dealing with uncertainty in ecosystem model scenarios: Application of the single-model ensemble approach [J]. Environmental Modelling & Software, 61: 360-370.

GE Q, CIUFFO B, MENENDEZ M. 2015. Combining screening and metamodel-based methods: An efficient sequential approach for the sensitivity analysis of model outputs [J]. Reliability

Engineering & System Safety, 134: 334-344.

GITAU M W, CHIANG L-C, SAYEED M, et al. 2012. Watershed modeling using large-scale distributed computing in condor and the soil and water assessment tool model [J]. Simulation, 88: 365-380.

GOBERNA M A, JEYAKUMAR V, LI G, et al. 2015. Robust solutions to multi-objective linear programs with uncertain data [J]. European Journal of Operational Research, 242: 730-743.

HANSON P C, STILLMAN A B, JIA X, et al. 2020. Predicting lake surface water phosphorus dynamics using process-guided machine learning [J]. Ecological Modelling, 430: 109136.

HARMEL R, SMITH P, MIGLIACCIO K, et al. 2014. Evaluating, interpreting, and communicating performance of hydrologic/water quality models considering intended use: A review and recommendations [J]. Environmental Modelling & Software, 57: 40-51.

HO J C, MICHALAK A M, PAHLEVAN N. 2019. Widespread global increase in intense lake phytoplankton blooms since the 1980s [J]. Nature, 574: 667-670.

HONG E-M, PACHEPSKY Y A, WHELAN G, et al. 2017. Simpler models in environmental studies and predictions [J]. Critical Reviews in Environmental Science and Technology, 47: 1669-1712.

HU M, LIU X, WU X, et al. 2017. Characterization of the fate and distribution of ethiprole in water-fish-sediment microcosm using a fugacity model [J]. Science of the Total Environment, 576: 696-704.

HUANG G, CAO M. 2011. Analysis of solution methods for interval linear programming [J]. Journal of Environmental Informatics, 17: 54-64.

HUANG J, ZHANG Y, ARHONDITSIS G B, et al. 2020. The magnitude and drivers of harmful algal blooms in China's lakes and reservoirs: A national-scale characterization [J]. Water Research, 181: 115902.

HUANG J, ZHANG Y, ARHONDITSIS G B, et al. 2019. How successful are the restoration efforts of China's lakes and reservoirs? [J]. Environment International, 123: 96-103.

HUO S, XI B, MA C, et al. 2013. Stressor–response models: A practical application for the development of lake nutrient criteria in China [M]. ACS Publications.

JAN-TAI K, WU J-H, WEN-SEN C. 1994. Water quality simulation of Te-Chi reservoir using two-dimensional models [J]. Water Science and technology, 30: 63.

JANSSEN A B, DE JAGER V C, JANSE J H, et al. 2017. Spatial identification of critical nutrient loads of large shallow lakes: Implications for Lake Taihu (China) [J]. Water Research, 119: 276-287.

JARVIE H P, SMITH D R, NORTON L R, et al. 2018. Phosphorus and nitrogen limitation and impairment of headwater streams relative to rivers in Great Britain: A national perspective on eutrophication [J]. Science of the Total Environment, 621: 849-862.

JEPPESEN E, MEERHOFF M, JACOBSEN B, et al. 2007. Restoration of shallow lakes by nutrient control and biomanipulation—the successful strategy varies with lake size and climate [J]. Hydrobiologia, 581: 269-285.

JI Z-G, HAMRICK J H, PAGENKOPF J. 2002. Sediment and metals modeling in shallow river [J]. Journal of Environmental Engineering, 128: 105-119.

JIANG Q, SU H, LIU Y, et al. 2017. Parameter uncertainty-based pattern identification and optimization for robust decision making on watershed load reduction [J]. Journal of Hydrology, 547: 708-717.

JØRGENSEN S E. 2010. A review of recent developments in lake modelling [J]. Ecological Modelling, 221: 689-692.

JU W, GAO P, WANG J, et al. 2010. Combining an ecological model with remote sensing and GIS techniques to monitor soil water content of croplands with a monsoon climate [J]. Agricultural Water Management, 97: 1221-1231.

KIANI M, TAMMEORG P, NIEMISTÖ J, et al. 2020. Internal phosphorus loading in a small shallow Lake: Response after sediment removal [J]. Science of the Total Environment, 725: 138279.

LE MOAL M, GASCUEL-ODOUX C, MÉNESGUEN A, et al. 2019. Eutrophication: A new wine in an old bottle? [J]. Science of the Total Environment, 651: 1-11.

LEIGH C, ALSIBAI O, HYNDMAN R J, et al. 2019. A framework for automated anomaly detection in high frequency water-quality data from in situ sensors [J]. Science of the Total Environment, 664: 885-898.

LESSIN G, RAUDSEPP U. 2007. Modelling the spatial distribution of phytoplankton and inorganic nitrogen in Narva Bay, southeastern Gulf of Finland, in the biologically active period [J]. Ecological Modelling, 201: 348-358.

LEWIS JR W M, WURTSBAUGH W A, PAERL H W. 2011. Rationale for control of anthropogenic nitrogen and phosphorus to reduce eutrophication of inland waters [J]. Environmental Science & Technology, 45: 10300-10305.

LI A, JANG J-K, SCHEFF P A. 2003. Application of EPA CMB8. 2 model for source apportionment of sediment PAHs in Lake Calumet, Chicago [J]. Environmental Science & Technology, 37: 2958-2965.

LI Y, TANG C, YU Z, et al. 2014. Correlations between algae and water quality: Factors driving eutrophication in Lake Taihu, China [J]. International Journal of Environmental Science and Technology, 11: 169-182.

LIANG S, JIA H, XU C, et al. 2016. A Bayesian approach for evaluation of the effect of water quality model parameter uncertainty on TMDLs: A case study of Miyun Reservoir [J]. Science of the Total Environment, 560: 44-54.

LIANG Z, CHEN H, WU S, et al. 2018. Exploring dynamics of the chlorophyll a-total phosphorus relationship at the lake-specific scale: A bayesian hierarchical model [J]. Water, Air, & Soil Pollution, 229: 1-12.

LIANG Z, LIU Y, CHEN H, et al. 2019a. Is ecoregional scale precise enough for lake nutrient criteria? Insights from a novel relationship-based clustering approach [J]. Ecological Indicators, 97: 341-349.

LIANG Z, QIAN S S, WU S, et al. 2019b. Using Bayesian change point model to enhance understanding of the shifting nutrients-phytoplankton relationship [J]. Ecological Modelling, 393: 120-126.

LIANG Z, ZOU R, CHEN X, et al. 2020. Simulate the forecast capacity of a complicated water quality model using the long short-term memory approach [J]. Journal of Hydrology, 581: 124432.

LIU C, DU Y, YIN H, et al. 2019. Exchanges of nitrogen and phosphorus across the sediment-water interface influenced by the external suspended particulate matter and the residual matter after dredging [J]. Environmental Pollution, 246: 207-216.

LIU C, ZHANG L, FAN C, et al. 2017. Temporal occurrence and sources of persistent organic pollutants in suspended particulate matter from the most heavily polluted river mouth of Lake Chaohu, China [J]. Chemosphere, 174: 39-45.

LIU C, ZHONG J, WANG J, et al. 2016. Fifteen-year study of environmental dredging effect on variation of nitrogen and phosphorus exchange across the sediment-water interface of an urban lake [J]. Environmental Pollution, 219: 639-648.

LIU Y, GUO H. 2008. Lake-watershed ecosystem management: Theory and application [M]. Science Press, Beijing.

LIU Y, WANG Y, SHENG H, et al. 2014. Quantitative evaluation of lake eutrophication responses under alternative water diversion scenarios: A water quality modeling based statistical analysis approach [J]. Science of the Total Environment, 468: 219-227.

LOS F, TROOST T, VAN BEEK J. 2014. Finding the optimal reduction to meet all targets—applying linear programming with a nutrient tracer model of the North Sea [J]. Journal of Marine Systems, 131: 91-101.

MALHADAS M S, MATEUS M, BRITO D, et al. 2014. Trophic state evaluation after urban loads diversion in a eutrophic coastal lagoon (Óbidos Lagoon, Portugal): A modeling approach [J]. Hydrobiologia, 740: 231-251.

MARINGANTI C, CHAUBEY I, POPP J. 2009. Development of a multiobjective optimization tool for the selection and placement of best management practices for nonpoint source pollution control [J]. Water Resources Research, 45.

MASSADA A B, CARMEL Y. 2008. Incorporating output variance in local sensitivity analysis for stochastic models [J]. Ecological Modelling, 213: 463-467.

MATOTT L S, BABENDREIER J E, PURUCKER S T. 2009. Evaluating uncertainty in integrated environmental models: A review of concepts and tools [J]. Water Resources Research, 45.

MEINSON P, IDRIZAJ A, NÕGES P, et al. 2016. Continuous and high-frequency measurements in limnology: History, applications, and future challenges [J]. Environmental Reviews, 24: 52-62.

MICHALAK A M, ANDERSON E J, BELETSKY D, et al. 2013. Record-setting algal bloom in Lake Erie caused by agricultural and meteorological trends consistent with expected future conditions [J]. Proceedings of the National Academy of Sciences, 110: 6448-6452.

MORIASI D N, ZECKOSKI R W, ARNOLD J G, et al. 2015. Hydrologic and water quality models: Key calibration and validation topics [J]. Transactions of the ASABE, 58: 1609-1618.

NEFTCI E O, AVERBECK B B. 2019. Reinforcement learning in artificial and biological systems [J]. Nature Machine Intelligence, 1: 133-143.

NESTLER A, BERGLUND M, ACCOE F, et al. 2011. Isotopes for improved management of nitrate pollution in aqueous Resources: Review of surface water field studies [J]. Environmental Science and Pollution Research, 18: 519-533.

Neitsch S L, Arnold J G, Kiniry J R, et al. 2011. Soil and water assessment tool theoretical documentation version 2009 [R]. Texas Water Resources Institute.

NIU L, VAN GELDER P, ZHANG C, et al. 2016. Physical control of phytoplankton bloom development in the coastal waters of Jiangsu (China) [J]. Ecological Modelling, 321: 75-83.

NIU Z-G, WANG X-J, CHEN Y-X. 2013. Lake aquatic ecosystem models: A review [J]. Chinese Journal of Ecology, 1: 37.

PARK K, JUNG H-S, KIM H-S, et al. 2005. Three-dimensional hydrodynamic-eutrophication model

（HEM-3D）: Application to Kwang-Yang Bay, Korea [J]. Marine Environmental Research, 60: 171-193.

PARK R A, CLOUGH J S, WELLMAN M C. 2008. AQUATOX: Modeling environmental fate and ecological effects in aquatic ecosystems [J]. Ecological Modelling, 213: 1-15.

PEKEY H, KARAKAŞ D, BAKOGLU M. 2004. Source apportionment of trace metals in surface waters of a polluted stream using multivariate statistical analyses [J]. Marine Pollution Bulletin, 49: 809-818.

PHILLIPS G, KELLY A, PITT J A, et al. 2005. The recovery of a very shallow eutrophic lake, 20years after the control of effluent derived phosphorus [J]. Freshwater Biology, 50: 1628-1638.

QIAN S S, SHEN Z. 2007. Ecological applications of multilevel analysis of variance [J]. Ecology, 88: 2489-2495.

RAKHA K, AL-SALEM K, NEELAMANI S. 2007. Hydrodynamic atlas for Kuwaiti territorial waters [J]. Kuwait Journal of Science and Engineering, 34: 143.

RASHLEIGH B. 2003. Application of AQUATOX, a process-based model for ecological assessment, to Contentnea Creek in North Carolina [J]. Journal of Freshwater Ecology, 18: 515-522.

RATTO M, CASTELLETTI A, PAGANO A. 2012. Emulation techniques for the reduction and sensitivity analysis of complex environmental models [M]. Elsevier.

RAURET G, GALCERAN M, RUBIO R, et al. 1990. Factor analysis for assigning sources of groundwater pollution [J]. International Journal of Environmental Analytical Chemistry, 38: 389-397.

RAZAVI S, TOLSON B A, BURN D H. 2012. Review of surrogate modeling in water resources [J]. Water Resources Research, 48 (7): W07401.

READ J S, JIA X, WILLARD J, et al. 2019. Process-guided deep learning predictions of lake water temperature [J]. Water Resources Research, 55: 9173-9190.

REICHOLD L, ZECHMAN E M, BRILL E D, et al. 2010. Simulation-optimization framework to support sustainable watershed development by mimicking the predevelopment flow regime [J]. Journal of Water Resources Planning and Management, 136: 366-375.

REICHSTEIN M, CAMPS-VALLS G, STEVENS B, et al. 2019. Deep learning and process understanding for data-driven Earth system science [J]. Nature, 566: 195-204.

ROSSMAN L A. Storm water management model user's manual, version 5.1[C]//: National Risk Management Research Laboratory, 2015.

SARAIVA S, PINA P, MARTINS F, et al. 2007. Modelling the influence of nutrient loads on

Portuguese estuaries [J]. Hydrobiologia,587:5-18.

SAUNDERS D,KALFF J. 2001. Denitrification rates in the sediments of Lake Memphremagog, Canada-USA [J]. Water Research,35:1897-1904.

SCHINDLER D W. 2012. The dilemma of controlling cultural eutrophication of lakes [J]. Proceedings of the Royal Society B:Biological Sciences,279:4322-4333.

SCHINDLER D W,CARPENTER S R,CHAPRA S C,et al. 2016. Reducing phosphorus to curb lake eutrophication is a success [J]. Environmental Science & Technology,50:8923-8929.

SCHINDLER D W,HECKY R. 2009. Eutrophication:More nitrogen data needed [J]. Science,324:721-722.

SCHNOOR J L. Environmental modeling:Fate and transport of pollutants in water,air,and soil[C]//:John Wiley and Sons,1996.

SINGH K P,MALIK A,SINHA S,et al. 2005. Estimation of source of heavy metal contamination in sediments of Gomti River (India) using principal component analysis [J]. Water,Air,& Soil Pollution,166:321-341.

SINHA E,MICHALAK A,BALAJI V. 2017. Eutrophication will increase during the 21st century as a result of precipitation changes [J]. Science,357:405-408.

SØNDERGAARD M,BJERRING R,JEPPESEN E. 2013. Persistent internal phosphorus loading during summer in shallow eutrophic lakes [J]. Hydrobiologia,710:95-107.

SONG X,ZHANG J,ZHAN C,et al. 2015. Global sensitivity analysis in hydrological modeling:Review of concepts,methods,theoretical framework,and applications [J]. Journal of Hydrology,523:739-757.

SOONTHORNNONDA P,CHRISTENSEN E R. 2008. Source apportionment of pollutants and flows of combined sewer wastewater [J]. Water Research,42:1989-1998.

SRIVASTAVA P,HAMLETT J,ROBILLARD P,et al. 2002. Watershed optimization of best management practices using AnnAGNPS and a genetic algorithm [J]. Water Resources Research,38:3-1-3-14.

STEVENS C J. 2019. Nitrogen in the environment [J]. Science,363:578-580.

STOW C A,CHA Y,JOHNSON L T,et al. 2015. Long-term and seasonal trend decomposition of Maumee River nutrient inputs to western Lake Erie [J]. Environmental Science & Technology,49:3392-3400.

TAMMEORG O,HORPPILA J,LAUGASTE R,et al. 2015. Importance of diffusion and resuspension for phosphorus cycling during the growing season in large,shallow Lake Peipsi [J].

Hydrobiologia, 760: 133-144.

TAMMEORG O, HORPPILA J, TAMMEORG P, et al. 2016. Internal phosphorus loading across a cascade of three eutrophic basins: A synthesis of short-and long-term studies [J]. Science of the Total Environment, 572: 943-954.

TARIQ S R, SHAH M H, SHAHEEN N, et al. 2006. Multivariate analysis of trace metal levels in tannery effluents in relation to soil and water: A case study from Peshawar, Pakistan [J]. Journal of Environmental Management, 79: 20-29.

TECH T, CENTER S. 2009. Loading simulation program in C++ (LSPC) version 3.1 user's manual [M]. Fairfax, VA, USA.

TECH T, CENTER S. 2017. Loading simulation program in C++ (LSPC) version 5.0 user's manual [M]. Cleveland, OH, USA.

THACKSTON E, SPEECE R, ADAMS W, et al. Modeling the effects of combined sewer overflows from Nashville on the Cumberland River[C]//Proceedings of the Water Environmental Federation Annual Conference and Exposition.1994: 123-134.

TOMASSINI L, REICHERT P, KNUTTI R, et al. 2007. Robust Bayesian uncertainty analysis of climate system properties using Markov chain Monte Carlo methods [J]. Journal of Climate, 20: 1239-1254.

TONG Y, ZHANG W, WANG X, et al. 2017. Decline in Chinese lake phosphorus concentration accompanied by shift in sources since 2006 [J]. Nature Geoscience, 10: 507-511.

TROLLE D, JØRGENSEN T B, JEPPESEN E. 2008. Predicting the effects of reduced external nitrogen loading on the nitrogen dynamics and ecological state of deep Lake Ravn, Denmark, using the DYRESM-CAEDYM model [J]. Limnologica, 38: 220-232.

TSCHEIKNER-GRATL F, BELLOS V, SCHELLART A, et al. 2019. Recent insights on uncertainties present in integrated catchment water quality modelling [J]. Water Research, 150: 368-379.

VAN NES E H, SCHEFFER M. 2005. A strategy to improve the contribution of complex simulation models to ecological theory [J]. Ecological Modelling, 185: 153-164.

VRUGT J A, TER BRAAK C, DIKS C, et al. 2009. Accelerating Markov chain Monte Carlo simulation by differential evolution with self-adaptive randomized subspace sampling [J]. International Journal of Nonlinear Sciences and Numerical Simulation, 10: 273-290.

WAKELIN S L, ARTIOLI Y, BUTENSCHöN M, et al. 2015. Modelling the combined impacts of climate change and direct anthropogenic drivers on the ecosystem of the northwest European continental shelf [J]. Journal of Marine Systems, 152: 51-63.

WAN Y, WAN L, LI Y, et al. 2017. Decadal and seasonal trends of nutrient concentration and export from highly managed coastal catchments [J]. Water Research, 115: 180-194.

WANG B, LU S-Q, LIN W-Q, et al. 2016a. Water quality model with multiform of N/P transport and transformation in the Yangtze River Estuary [J]. Journal of Hydrodynamics, 28: 423-430.

WANG H, ZHANG W, XIE P, et al. 2019a. Exponential decay of between-month spatial dissimilarity congruence of phytoplankton communities in relation to phosphorus in a highland eutrophic lake [J]. Environmental Monitoring and Assessment, 191: 1-12.

WANG J-H, WANG Y-N, DAO G-H, et al. 2020. Decade-long meteorological and water quality dynamics of northern Lake Dianchi and recommendations on algal bloom mitigation via key influencing factors identification [J]. Ecological Indicators, 115: 106425.

WANG J, CHEN J, DING S, et al. 2016b. Effects of seasonal hypoxia on the release of phosphorus from sediments in deep-water ecosystem: A case study in Hongfeng Reservoir, Southwest China [J]. Environmental Pollution, 219: 858-865.

WANG M, XU X, WU Z, et al. 2019b. Seasonal pattern of nutrient limitation in a eutrophic lake and quantitative analysis of the impacts from internal nutrient cycling [J]. Environmental Science & Technology, 53: 13675-13686.

WANG S, LI J, ZHANG B, et al. 2018. Trophic state assessment of global inland waters using a MODIS-derived Forel-Ule index [J]. Remote Sensing of Environment, 217: 444-460.

WANG X, SUN Y, SONG L, et al. 2009. An eco-environmental water demand based model for optimising water resources using hybrid genetic simulated annealing algorithms. Part I. Model development [J]. Journal of Environmental Management, 90: 2628-2635.

WATSON J G, CHOW J C, FUJITA E M 2001. Review of volatile organic compound source apportionment by chemical mass balance [J]. Atmospheric Environment, 35: 1567-1584.

WELLEN C, KAMRAN-DISFANI A-R, ARHONDITSIS G B. 2015. Evaluation of the current state of distributed watershed nutrient water quality modeling [J]. Environmental Science & Technology, 49: 3278-3290.

WEN S, ZHONG J, LI X, et al. 2020. Does external phosphorus loading diminish the effect of sediment dredging on internal phosphorus loading? An in-situ simulation study [J]. Journal of Hazardous Materials, 394: 122548.

WU G, XU Z. 2011. Prediction of algal blooming using EFDC model: Case study in the Daoxiang Lake [J]. Ecological Modelling, 222: 1245-1252.

WU Z, LIU Y, LIANG Z, et al. 2017. Internal cycling, not external loading, decides the nutrient limitation in eutrophic lake: A dynamic model with temporal Bayesian hierarchical inference [J]. Water Research, 116: 231-240.

WU Z, ZOU R, JIANG Q, et al. 2020. What maintains seasonal nitrogen limitation in hyper-eutrophic Lake Dianchi? Insights from stoichiometric three-dimensional numerical modeling [J]. Aquatic Sciences, 82: 1-12.

XU M, VAN OVERLOOP P-J, VAN DE GIESEN N. 2013. Model reduction in model predictive control of combined water quantity and quality in open channels [J]. Environmental Modelling & Software, 42: 72-87.

XU Z, WANG L, YIN H, et al. 2016. Source apportionment of non-storm water entries into storm drains using marker species: Modeling approach and verification [J]. Ecological Indicators, 61: 546-557.

YANG C-P, LUNG W-S, KUO J-T, et al. 2010. Water quality modeling of a hypoxic stream [J]. Practice Periodical of Hazardous, Toxic, and Radioactive Waste Management, 14: 115-123.

YANG C, YANG P, GENG J, et al. 2020. Sediment internal nutrient loading in the most polluted area of a shallow eutrophic lake (Lake Chaohu, China) and its contribution to lake eutrophication [J]. Environmental Pollution, 262: 114292.

YI X, ZOU R, GUO H. 2016. Global sensitivity analysis of a three-dimensional nutrients-algae dynamic model for a large shallow lake [J]. Ecological Modelling, 327: 74-84.

YUAN L, SINSHAW T, FORSHAY K J. 2020. Review of watershed-scale water quality and nonpoint source pollution models [J]. Geosciences, 10: 25.

ZHANG C-X, YOU X-Y. 2017. Application of EFDC model to grading the eutrophic state of reservoir: Case study in Tianjin Erwangzhuang Reservoir, China [J]. Engineering Applications of Computational Fluid Mechanics, 11: 111-126.

ZHANG H, HUANG G H, WANG D, et al. 2012. An integrated multi-level watershed-reservoir modeling system for examining hydrological and biogeochemical processes in small prairie watersheds [J]. Water Research, 46: 1207-1224.

ZHANG W, RAO Y R. 2012. Application of a eutrophication model for assessing water quality in Lake Winnipeg [J]. Journal of Great Lakes Research, 38: 158-173.

ZHANG Y, GUO F, MENG W, et al. 2009. Water quality assessment and source identification of Daliao river basin using multivariate statistical methods [J]. Environmental Monitoring and Assessment, 152: 105-121.

ZHAO L, LI Y, ZOU R, et al. 2013. A three-dimensional water quality modeling approach for exploring the eutrophication responses to load reduction scenarios in Lake Yilong（China）[J]. Environmental Pollution，177：13-21.

ZHOU Y，MA J，ZHANG Y，et al. 2017. Improving water quality in China：Environmental investment pays dividends [J]. Water Research，118：152-159.

ZOU R，LIU Y，LIU L，et al. 2010a. REILP approach for uncertainty-based decision making in civil engineering [J]. Journal of Computing in Civil Engineering，24：357-364.

ZOU R，LIU Y，RIVERSON J，et al. 2010b. A nonlinearity interval mapping scheme for efficient waste load allocation simulation-optimization analysis [J]. Water Resources Research，46（8）：W08530.

ZOU R，WU Z，ZHAO L，et al. 2020. Seasonal algal blooms support sediment release of phosphorus via positive feedback in a eutrophic lake：Insights from a nutrient flux tracking modeling [J]. Ecological Modelling，416：108881.

ZOU R，ZHEN W U，ZHAO L，et al. 2017. Nutrient cycling flux of Lake Dianchi：A three-dimensional water quality modelling approach [J]. Journal of Lake Sciences，29：819-826.

陈晓燕，张娜，吴芳芳，等. 2013. 雨洪管理模型 SWMM 的原理、参数和应用[J]. 中国给水排水，29：4-7.

程晓光，张静，宫辉力. 2014. 半干旱半湿润地区 HSPF 模型水文模拟及参数不确定性研究[J]. 环境科学学报，2：3179-3187.

董延军，陈文龙，杨芳，等. HSPF 流域模型原理与模拟应用[C]//HSPF 流域模型原理与模拟应用，2014.

洪华生，黄金良，张珞平，等. 2005. AnnAGNPS 模型在九龙江流域农业非点源污染模拟应用[J]. 环境科学，26（4）：63-69.

李发荣，李玉照，刘永，等. 2013. 牛栏江污染物源解析与空间差异性分析[J]. 环境科学研究，26：1356-1363.

刘永，郭怀成，黄凯，等. 2007. 湖泊-流域生态系统管理的内容与方法[J]. 生态学报，27：5352-5360.

刘永，蒋青松，梁中耀，等. 2021. 湖泊富营养化响应与流域优化调控决策的模型研究进展[J]. 湖泊科学，33（1）：49-63.

王慧亮，李叙勇，解莹. 2011. 基于数据库支持的非点源污染模型 LSPC 及其应用[J]. 环境科学与技术，34：206-211.

王圣瑞，倪兆奎，席海燕. 2016. 我国湖泊富营养化治理历程及策略[J]. 环境保护，44：15-19.

王在峰，张水燕，张怀成，等. 2015. 水质模型与 CMB 相耦合的河流污染源源解析技术[J]. 环境工程，2：135-139.

王中根，刘昌明，黄友波．2003．SWAT 模型的原理、结构及应用研究[J]. 地理科学进展，22：79-86.

赵海萍，李清雪，陶建华．2016．渤海湾表层水质时空变化及污染源识别[J]. 水力发电学报，35：21-30.

郑粉莉，高学田，李靖. 农业非点源污染模型（AGNPS）用户指南与操作手册[C]//农业非点源污染模型（AGNPS）用户指南与操作手册，2008.

朱瑶，梁志伟，李伟，等. 2013. 流域水环境污染模型及其应用研究综述[J]. 应用生态学报，24：3012-3018.

邹锐，苏晗，余艳红，等. 2018. 基于水质目标的异龙湖流域精准治污决策研究[J]. 北京大学学报：自然科学版，54：426-434.

附　表

滇池流域主要河道2017—2018年的入湖负荷构成

河流	负荷构成	COD 负荷量/t	COD 占比/%	NH₃-N 负荷量/t	NH₃-N 占比/%	TN 负荷量/t	TN 占比/%	TP 负荷量/t	TP 占比/%
盘龙江	牛栏江补水	2 210.86	54.57	43.16	16.73	969.84	73.23	25.00	51.03
	主城区生活污染	331.52	8.18	47.06	18.24	66.36	5.01	4.64	9.48
	非主城区生活污染	277.55	6.85	32.74	12.69	46.30	3.50	3.48	7.10
	主城区污水处理厂尾水	449.05	11.08	115.76	44.86	199.23	15.04	10.83	22.10
	环湖污水处理厂尾水	—	—	—	—	—	—	—	—
	外流域地下水补给	6.05	0.15	0.00	0.00	0.01	0.00	0.00	0.01
	农田面源	53.14	1.31	4.29	1.66	8.22	0.62	0.87	1.77
	建设用地地表冲刷	167.09	4.12	11.90	4.61	21.28	1.61	1.40	2.86
	其他子汇水区客水负荷	—	—	—	—	—	—	—	—
	其他用地类型流失负荷	556.28	13.73	3.13	1.21	13.20	1.00	2.77	5.65
大观河	牛栏江补水								
	主城区生活污染	53.77	3.05	7.55	6.89	10.76	1.89	0.74	3.69
	非主城区生活污染	—	—	—	—	—	—	—	—
	主城区污水处理厂尾水	25.94	1.47	0.99	0.91	18.19	3.20	0.38	1.88
	环湖污水处理厂尾水	—	—	—	—	—	—	—	—
	外流域地下水补给	—	—	—	—	—	—	—	—
	农田面源	2.63	0.15	0.66	0.60	0.98	0.17	0.11	0.53

河流	负荷构成	COD 负荷量/t	COD 占比/%	NH$_3$-N 负荷量/t	NH$_3$-N 占比/%	TN 负荷量/t	TN 占比/%	TP 负荷量/t	TP 占比/%
大观河	建设用地地表冲刷	33.67	1.91	2.34	2.14	4.12	0.72	0.24	1.18
	其他子汇水区客水负荷	1 640.32	93.09	97.95	89.41	534.76	93.97	18.56	92.56
	其他用地类型流失负荷	5.72	0.32	0.06	0.05	0.24	0.04	0.03	0.16
新宝象河	牛栏江补水	—	—	—	—	—	—	—	—
	主城区生活污染	158.20	5.16	20.83	12.74	29.81	4.22	2.21	8.98
	非主城区生活污染	631.73	20.59	36.03	22.05	50.90	7.21	5.52	22.44
	主城区污水处理厂尾水	631.29	20.57	20.74	12.69	418.85	59.30	6.00	24.36
	环湖污水处理厂尾水	418.08	13.62	39.85	24.38	118.55	16.78	4.07	16.55
	外流域地下水补给	—	—	—	—	—	—	—	—
	农田面源	184.38	6.01	12.29	7.52	24.82	3.51	1.87	7.59
	建设用地地表冲刷	478.84	15.60	32.05	19.61	55.85	7.91	3.26	13.22
	其他子汇水区客水负荷	—	—	—	—	—	—	—	—
	其他用地类型流失负荷	566.12	18.45	1.65	1.01	7.58	1.07	1.69	6.85
西坝河	牛栏江补水	—	—	—	—	—	—	—	—
	主城区生活污染	51.77	4.40	7.19	9.69	10.29	2.78	0.72	5.38
	非主城区生活污染	—	—	—	—	—	—	—	—
	主城区污水处理厂尾水	—	—	—	—	—	—	—	—
	环湖污水处理厂尾水	—	—	—	—	—	—	—	—
	外流域地下水补给	—	—	—	—	—	—	—	—
	农田面源	1.94	0.16	0.13	0.18	0.28	0.08	0.03	0.20
	建设用地地表冲刷	23.08	1.96	1.63	2.20	2.87	0.78	0.16	1.22
	其他子汇水区客水负荷	1 092.50	92.83	65.13	87.84	356.21	96.29	12.38	92.99
	其他用地类型流失负荷	7.66	0.65	0.06	0.09	0.27	0.07	0.03	0.20

河流	负荷构成	COD 负荷量/t	COD 占比/%	NH₃-N 负荷量/t	NH₃-N 占比/%	TN 负荷量/t	TN 占比/%	TP 负荷量/t	TP 占比/%
洛龙河	牛栏江补水	—	—	—	—	—	—	—	—
	主城区生活污染	159.95	11.90	13.02	24.32	16.63	18.19	1.84	25.76
	非主城区生活污染	127.71	9.50	7.13	13.33	10.04	10.98	1.11	15.53
	主城区污水处理厂尾水	—	—	—	—	—	—	—	—
	环湖污水处理厂尾水	—	—	—	—	—	—	—	—
	外流域地下水补给	308.84	22.97	1.04	1.95	1.99	2.17	0.29	3.99
	农田面源	219.12	16.30	15.19	28.38	29.88	32.68	1.56	21.75
	建设用地地表冲刷	248.70	18.50	16.19	30.26	28.76	31.46	1.62	22.70
	其他子汇水区客水负荷	—	—	—	—	—	—	—	—
	其他用地类型流失负荷	280.06	20.83	0.94	1.76	4.14	4.53	0.73	10.26
捞渔河	牛栏江补水	—	—	—	—	—	—	—	—
	主城区生活污染	—	—	—	—	—	—	—	—
	非主城区生活污染	120.86	11.15	6.95	17.43	9.50	6.62	1.09	15.48
	主城区污水处理厂尾水	—	—	—	—	—	—	—	—
	环湖污水处理厂尾水	96.30	8.89	7.87	19.74	84.69	59.01	2.14	30.37
	外流域地下水补给	—	—	—	—	—	—	—	—
	农田面源	214.17	19.76	14.32	35.91	26.97	18.79	1.69	24.01
	建设用地地表冲刷	148.34	13.69	9.59	24.06	16.82	11.72	0.96	13.65
	其他子汇水区客水负荷	—	—	—	—	—	—	—	—
	其他用地类型流失负荷	503.98	46.51	1.14	2.86	5.53	3.85	1.16	16.49
白鱼河	牛栏江补水	—	—	—	—	—	—	—	—
	主城区生活污染	—	—	—	—	—	—	—	—
	非主城区生活污染	151.29	11.25	7.91	20.22	11.23	6.40	1.27	8.85
	主城区污水处理厂尾水	—	—	—	—	—	—	—	—

河流	负荷构成	COD 负荷量/t	COD 占比/%	NH$_3$-N 负荷量/t	NH$_3$-N 占比/%	TN 负荷量/t	TN 占比/%	TP 负荷量/t	TP 占比/%
白鱼河	环湖污水处理厂尾水	131.72	9.80	5.17	13.21	83.81	47.79	2.37	16.56
	外流域地下水补给	—	—	—	—	—	—	—	—
	农田面源	194.61	14.48	15.16	38.77	56.95	32.47	7.52	52.46
	建设用地地表冲刷	138.51	10.30	9.56	24.45	16.53	9.42	0.94	6.58
	其他子汇水区客水负荷	—	—	—	—	—	—	—	—
	其他用地类型流失负荷	728.19	54.17	1.31	3.35	6.87	3.92	2.23	15.55
东大河	牛栏江补水	—	—	—	—	—	—	—	—
	主城区生活污染	—	—	—	—	—	—	—	—
	非主城区生活污染	102.94	11.18	4.52	12.06	6.77	4.43	0.79	8.10
	主城区污水处理厂尾水	—	—	—	—	—	—	—	—
	环湖污水处理厂尾水	204.16	22.18	17.05	45.53	93.85	61.42	2.28	23.35
	外流域地下水补给	—	—	—	—	—	—	—	—
	农田面源	163.26	17.74	9.44	25.21	38.45	25.16	4.95	50.56
	建设用地地表冲刷	104.50	11.35	5.96	15.91	10.89	7.13	0.65	6.61
	其他子汇水区客水负荷	—	—	—	—	—	—	—	—
	其他用地类型流失负荷	345.57	37.54	0.48	1.29	2.84	1.86	1.11	11.39
船房河	牛栏江补水	—	—	—	—	—	—	—	—
	主城区生活污染	99.65	16.35	13.70	51.02	19.81	6.56	1.37	29.22
	非主城区生活污染	—	—	—	—	—	—	—	—
	主城区污水处理厂尾水	459.52	75.39	10.14	37.75	276.76	91.57	2.92	62.36
	环湖污水处理厂尾水	—	—	—	—	—	—	—	—
	外流域地下水补给	—	—	—	—	—	—	—	—
	农田面源	0.99	0.16	0.21	0.77	0.33	0.11	0.04	0.80
	建设用地地表冲刷	37.73	6.19	2.65	9.86	4.71	1.56	0.27	5.79

河流	负荷构成	COD 负荷量/t	COD 占比/%	NH₃-N 负荷量/t	NH₃-N 占比/%	TN 负荷量/t	TN 占比/%	TP 负荷量/t	TP 占比/%
船房河	其他子汇水区客水负荷	—	—	—	—	—	—	—	—
	其他用地类型流失负荷	11.63	1.91	0.16	0.61	0.62	0.21	0.09	1.83
新运粮河	牛栏江补水	—	—	—	—	—	—	—	—
	主城区生活污染	248.62	22.86	33.75	42.45	47.67	22.16	3.38	27.21
	非主城区生活污染	152.95	14.06	20.91	26.30	29.29	13.61	2.11	17.03
	主城区污水处理厂尾水	215.07	19.77	6.77	8.51	97.42	45.29	2.36	19.04
	环湖污水处理厂尾水	—	—	—	—	—	—	—	—
	外流域地下水补给	—	—	—	—	—	—	—	—
	农田面源	55.11	5.07	3.51	4.41	13.84	6.43	2.45	19.70
	建设用地地表冲刷	207.64	19.09	14.00	17.61	24.10	11.20	1.39	11.21
	其他子汇水区客水负荷	—	—	—	—	—	—	—	—
	其他用地类型流失负荷	208.30	19.15	0.57	0.72	2.81	1.31	0.72	5.81
海河	牛栏江补水	—	—	—	—	—	—	—	—
	主城区生活污染	856.37	58.19	108.10	78.48	163.50	49.20	11.43	43.17
	非主城区生活污染	96.86	6.58	1.58	1.15	5.32	1.60	0.47	1.76
	主城区污水处理厂尾水	87.42	5.94	2.71	1.97	93.77	28.22	10.86	41.03
	环湖污水处理厂尾水	163.96	11.14	14.67	10.65	46.79	14.08	1.59	6.00
	外流域地下水补给	—	—	—	—	—	—	—	—
	农田面源	11.33	0.77	1.29	0.94	2.40	0.72	0.28	1.05
	建设用地地表冲刷	136.16	9.25	8.12	5.89	15.43	4.64	0.93	3.52
	其他子汇水区客水负荷	—	—	—	—	—	—	—	—
	其他用地类型流失负荷	119.61	8.13	1.28	0.93	5.11	1.54	0.92	3.47